Jürgen Hesse
Hans Christian Schrader

Die erfolgreiche

Online-Bewerbung

Online-Formular
E-Mail-Bewerbung
Social Networks

Beruf & Karriere exakt

STARK

Die Autoren

Jürgen Hesse, Jg. 1951, geschäftsführender Diplom-Psychologe im Büro für Berufsstrategie, Berlin.
Hans Christian Schrader, Jg. 1952, Diplom-Psychologe in Baden-Württemberg.

Anschrift der Autoren

Büro für Berufsstrategie
Hesse/Schrader
Oranienburger Straße 4–5
10178 Berlin
Tel. 030/28 88 57-0
Fax 030/28 88 57-36
E-Mail info@berufsstrategie.de

www.berufsstrategie-exakt.de

- kostenlose Downloads
- Checklisten
- Selbstanalyse-Tests

ISBN 978-3-86668-477-5

Inhalt

Ihr Einstieg ins Online-Bewerben

Fast Reader

Wenn es heutzutage um die Bewerbung bei einem Unternehmen geht, kann schnell Verunsicherung aufkommen. Was ist besser: Die klassische Papierbewerbung auf den „Schnecken-Postweg“ zu bringen oder sogar noch persönlich abzugeben, oder besser alle Unterlagen (Anschreiben, Lebenslauf, Anlagen) in diverse Dokumente umzuwandeln (also digitalisiert) und als E-Mail zu versenden.
Vielleicht sollte oder muss man sich sogar (wenn vorhanden auf den Unternehmenswebseiten) tapfer einem Onlineformular stellen, das sich den Bewerbungswilligen als Anfangshürde und „elektronischer Schäferhund“ auf den firmeneigenen Karriereseiten anbietet, obwohl man da fast nichts Individuelles von sich vermitteln kann?
Unübersehbar, ja unaufhaltbar geht der Trend zur Onlinebewerbung. Trotzdem bevorzugen insbesondere viele mittlere und Kleinunternehmen immer noch die gute alte Bewerbungsmappe. Aber wie lange noch? Denn heute werden schon etwas mehr als 50 Prozent aller Arbeitsplätze im Internet angeboten und auf der Arbeitsplatz-Anbieterseite, sprich den Unternehmen, erwartet man Ihre elektronische Bewerbung (kurz: E-Bewerbung) in vielen Fällen sogar.
Um in dieser Entscheidungsfrage auf Nummer sicher zu gehen, sind interessierte Bewerber gut beraten, sich vorher schlau zu machen und das für ihre Bewerbungsunterlagen ausgewählte Unternehmen vorab (z. B. telefonisch oder per E-Mail) zu fragen.
Unterschiede und Vorlieben im Bewerbungsverfahren und beim Einstellungsprozess sind an der Tagesordnung. Bei jedem Unternehmen durchläuft der Bewerber eine andere Art und Zahl an Rekrutierungsstufen und Auswahlverfahren. Jedoch ganz gleich, ob in Papierform oder elektronisch: Die Grundregeln einer guten Bewerbung zu begreifen und erfolgreich umzusetzen ist in jedem Fall unabdingbar und ist auch hier zentraler Gegenstand des Buches. Der Schwerpunkt jedoch liegt auf dem Umgang mit den neuen E-Bewerbungswegen.

Bitte bloß keine Bewerbungsmappe!

Immer mehr Firmen schreiben ihre zu besetzenden Arbeitsplätze im Netz aus, sei es auf der eigenen Homepage oder in Jobbörsen. Und immer weniger Bewerber basteln sich eine papierene Mappe, sie schicken ihre Unterlagen einfach elektronisch los. Knapp zwei Drittel der Stellenbesetzungen bei großen Unternehmen gehen mittlerweile auf Onlineverfahren zurück, wie eine Studie des Instituts für Wirtschaftsinformatik der Uni Frankfurt am Main ergab. Die Vorteile liegen – so wird suggeriert – auf der Hand: Die Abwicklung über das Internet ist für beide Seiten günstiger, man spart auf Bewerberseite Arbeitsaufwand, Material und Porto und bei den Firmen sinkt der Verwaltungsaufwand. Doch genau die vergleichsweise kostengünstige und einfache Handhabung zieht auch jede Menge Job-Zocker an, die ihre vorgefertigten Elaborate quasi als Rund-E-Mail gleich an mehrere potenzielle Arbeitgeber verschicken. Und sie verführt zur Schludrigkeit. Die individuelle Präsentation bleibt schnell auf der Strecke, ebenso der letzte, kritisch prüfende Blick auf die digitalisierten Unterlagen. Wen wundert es da, dass mehr als 70 Prozent der Unternehmen feststellen, dass Onlinebewerbungen im Vergleich zu herkömmlichen Mappen von schlechter Qualität sind?

Noch vor wenigen Jahren diente die E-Bewerbung eher zur Vorsortierung von Bewerbern und war kein ernstzunehmendes Auswahlkriterium. Und die Branchen, die sie bevorzugten, waren überschaubar. Es gab sie vorzugsweise in Großunternehmen und Konzernen. Selbst wenn sich auch andere Branchen dafür interessierten – die E-Bewerbung galt als Alternative, nicht als Hauptweg. Doch das hat sich mittlerweile grundlegend geändert! Immer mehr Branchen sehen ihre Vorteile jetzt in E- und Onlinebewerbungen. Bei der momentanen Entwicklung scheint es sogar so auszusehen, als stünde die klassische schriftliche Bewerbung früher oder später vor dem Aus. In nicht wenigen Unternehmen führt ausschließlich der E-Weg oder das Onlineverfahren die Bewerber in die Personalabteilung. Papierene Bewerbungsunterlagen in dicken Umschlägen werden postwendend zurückgeschickt. So vergeben angeblich die Deutsche Bank und Siemens Studentenjobs, Trainee- und Ausbildungsplätze ausschließlich an Kandidaten, die sich auf dem E-Weg bewerben.

E-Bewerben – so geht's, hier steht's!

Denkt man an das Stichwort „E-Bewerbung", so verbindet man damit häufig lediglich das Bewerben über das Internet per E-Mail oder Onlineformular. Dabei ist das Thema vielschichtiger, denn das Internet bzw. der PC mit entsprechender Software fungiert nicht nur als bloßes Transportmittel für eine landläufige schriftliche Bewerbung. Es ist in mannigfaltiger Form nützlich bei der Vorbereitung und Durchführung einer perfekten Bewerbung.
Wenn es ums E-Bewerben geht, vergisst man allzu schnell das gute alte Telefon und selbst das Faxgerät. Schade! Dabei können beide Medien Ihre E-Bewerbung gut ergänzen, denn es muss nicht immer gleich das eigene Video auf DVD sein oder die raffiniert gemachte Powerpoint-Präsentation, die Sie als Bewerber ins richtige Licht setzen. Allerdings wäre eine eigene Homepage oder ein selbst erstellter Podcast schon was Feines ...
Wir zeigen Ihnen im Verlauf des Buches, wie Sie die verschiedensten E-Tools (Werkzeuge!) vor, während und nach Ihrer Bewerbung optimal nutzen und überzeugend einsetzen. Schwerpunkte sind dabei insbesondere das Internet, die E-Mail- und Onlinebewerbung, aber auch E-Selbstmarketing, E-Recherche und E-Networking. Und selbst über das E-Assessment-Center werden Sie etwas hier in diesem Buch finden.
Doch ganz unabhängig davon, wie Sie Kontakt aufnehmen und welche E-Form Sie im Endeffekt wählen, Sie brauchen nach wie vor

ein fundiertes Basiswissen über die Möglichkeiten, wie Sie sich und Ihren beruflichen Werdegang, wie Sie Ihre besonderen Kompetenzen, Ihre hohe Motivation und Ihre Wesensart darstellen wollen. Dazu mehr auf den folgenden Buchseiten ...

Bewerbungsvorbereitung

Selbsttests zur Berufsfindung Suchen Sie als Schulabgänger oder Hochschulabsolvent noch den geeigneten Beruf, oder planen Sie einen kompletten Neustart Ihrer beruflichen Karriere, ohne genau zu wissen, wohin die Reise gehen soll? Bereits hier ist das Internet eine große Hilfe. Einige Personalberatungsunternehmen bieten mittlerweile auf ihren Seiten Onlinetests an. Bei deren Bearbeitung erfahren Sie viel über Ihre Interessen und Neigungen, Ihre Stärken und Schwächen oder Ihrem Verhalten in bestimmten Szenarien – per Mausklick, je nach Anbieter kostenlos oder kostenpflichtig. Rasch wissen Sie beispielsweise auch, ob Sie eher der Typ Selbstständiger oder Angestellter sind oder welche Branche am besten zu Ihnen passt. Mehr dazu lesen Sie hier im Buch auf Seite 18.

Branchen- und Gehaltsspiegel Branchenspiegel im Internet klären Sie darüber auf, welche charakterlichen Voraussetzungen und beruflichen Fähigkeiten Sie für einen beruflichen Erfolg in Ihrer Traumbranche benötigen, und liefern Ihnen dazu auch wirtschaftliche Zahlen und Fakten. Sie sind zum Beispiel auf den Online-Seiten großer Magazine wie dem „Stern" oder dem „Spiegel" zu finden. Auch einschlägige Fachzeitschriften, Handwerkskammern, Berufsverbände etc. liefern ihr Wissen und wichtige Informationen immer häufiger online – kostenlos oder in Form eines regelmäßig erscheinenden Newsletters.
Ebenso nützlich bei der beruflichen (Neu-)Orientierung oder bei der Bewerbung auf ein konkretes Stellenangebot sind Kenntnisse über branchenübliche Gehälter und Honorare. Diese sind beispielsweise in Gehaltsspiegeln im Internet unter speziellen Homepages wie

www.gehalts-check.de zu finden.
Mehr dazu lesen Sie hier im Buch auf Seite 140.

Firmenhomepages

Vorteile für Bewerber: Haben Sie Ihr Traumunternehmen gefunden, unterstützt Sie das Internet dabei, Ihre Bewerbung maßzuschneidern. Immer mehr Firmen liefern alle notwendigen Details über ihre Produkte, ihre Philosophie, ihre Geschäftsstrukturen und Fakten auf ihren Homepages.
Die technischen Möglichkeiten des Internet, das Interesse des Benutzers über dessen Sinne zu wecken, reizen Unternehmen auf ihren Homepages weidlich aus. Podcasts präsentieren wichtige Details zum Unternehmen und zur künftigen Arbeit, kurze professionelle Videos (Vodcasts) zeigen künftige Arbeitsplätze, Kollegen und Arbeitsabläufe in ihrem besten Licht, und in Mitarbeiterblogs oder einschlägigen Foren erfährt der Bewerber viel über den Arbeitsalltag.
Vorteile für Arbeitgeber: Eine Homepage bietet die Möglichkeit, ein Unternehmen im besten Licht zu präsentieren – für Kunden und Bewerber gleichermaßen. Denn in Zeiten des Fachkräftemangels wird die Suche nach dem idealen Mitarbeiter zur Herausforderung. Zudem kann ein Unternehmen schnell über seine Homepage über aktuelle Entwicklungen und Erfolge informieren.
Mehr dazu lesen Sie hier im Buch auf den Seite 139 und 163.

Googliability

Für Bewerber: Firmenhomepages zeigen natürlich nur die positiven Seiten eines Unternehmens. Objektive Beurteilungen oder Kritik finden sich Internet zuhauf – aufzuspüren über entsprechende Stichwörter in Google, Yahoo etc.

Für Arbeitgeber: Auch Arbeitgeber können sich im Internet ein objektives Bild des Bewerbers machen. Die Präsentation als perfekter Mitarbeiter – sie ist per Internet überprüfbar. Wilde Fotos aus der Studienzeit, zu offene Kommentare über ehemalige Arbeitgeber in Blogs, der erste Preis im Sangria-Trinken auf Malle oder die Mitgliedschaft in einer Online-Pokerrunde bei einem Bewerber für die Filialleitung einer Bank werfen zumindest Fragen auf.
Mehr dazu lesen Sie hier im Buch auf Seite 195.

Social Networking Unbezahlbar für die berufliche Orientierung, die Stellensuche, aber auch für die Arbeitsplatzsicherung ist das sogenannte Social Networking, der Aufbau und die Pflege eines beruflichen Netzwerks. Das Internet bietet diese Möglichkeiten auf verschiedenen Plattformen an – wie XING, Linked-In oder in geschlossenen Netzwerken, die nur über Empfehlung Aufnahme gewähren. Egal, ob es die Jobsuche, Kontakt zu Kollegen, Ratschläge oder um Wissensaustausch geht – das Internet vernetzt auf diesen Plattformen Menschen aus den unterschiedlichsten Branchen, Hierarchien und Ländern, nimmt Berührungsängste und sorgt so für manche beruflichen Überraschungen.
Mehr dazu lesen Sie hier im Buch auf Seite 187.

Weblogs Ein eigener Blog kann ebenso Arbeitgeber aufmerksam machen, wie es eine rege Beteiligung in den Diskussionsforen auf Plattformen wie z. B. XING tut. Diese „öffentlichen Tagebücher“ sind Kost- und Arbeitsproben der Kreativität, der Einstellung und des Wissens des Schreibers.
Mehr dazu lesen Sie hier im Buch auf Seite 201.

Online-Stellenbörsen Am wichtigsten wird das Internet jedoch für die konkrete Job- bzw. Mitarbeitersuche über Online-Stellenbörsen wie Monster, Stepstone etc. Beide Seiten – Bewerber wie Arbeitgeber – sparen so Zeit, Geld und Nerven. Neben der Zeitersparnis durch das Eingeben von Stichwörtern (sog. Tags) haben, je nach Einstellung, mehrere Firmen bzw. Bewerber gleichzeitig mit

einem Mausklick Zugriff auf das Stellenangebot oder das Stellengesuch. Stellenbörsen sind nicht nur ein virtueller Arbeitsmarkt, sie bieten auch einen Rundumservice zum Thema Bewerbung.
Mehr dazu lesen Sie hier im Buch ab Seite 131.

Während der Bewerbung

E-Mail-Bewerbung Für die eigentliche Bewerbung bietet das Internet verschiedenste Möglichkeiten. Die E-Mail-Bewerbung ersetzt sozusagen die Bewerbung auf dem Postweg. Anschreiben, Lebenslauf, Zeugnisse werden per Mausklick als PDF-Datei verschickt. Trotzdem gibt es einiges dabei zu beachten.
Mehr dazu lesen Sie hier im Buch auf Seite 148.

Onlineformular Das Onlineformular hilft Unternehmen, der Flut an Bewerbungen durch die gezielte Suche Herr zu werden. In ein- bis mehrseitigen Fragebögen werden Qualifikationen, Hobbys und berufliche Erfahrungen per Mausklick abgefragt. In Textfeldern haben Sie als Bewerber die Chance, sich persönlich zu Ihrer Motivation und zu anderen Themen zu äußern. Viele Unternehmen stellen der eigentlichen Bewerbung im Internet eine Registrierung mit oder ohne Passwort voran. Bewerber hinterlegen sozusagen ein Profil ihrer Person und können es mit dem Passwort jederzeit bearbeiten.
Mehr dazu lesen Sie hier im Buch auf Seite 163.

Bewerberhomepage Eine gute Unterstützung für eine Bewerbung ist die eigene Bewerberhomepage. Jede Bewerbung zeigt einen Ausschnitt Ihrer Qualitäten. Die eigene Homepage zeigt sie im Zusammenhang. Sie bietet das perfekte Bewerberprofil. Doch auch für ihre Erstellung gibt es einiges zu beachten.
Mehr dazu lesen Sie hier im Buch auf Seite 101.

Video, CD, DVD Das Internet ermöglicht die Verbreitung einer Bewerbung über ganz neue Kanäle. Bewerbervideos der unterschied-

lichsten Art sind mittlerweile auf Portalen wie YouTube oder myspace zu sehen. Der amerikanische Trend erfreut sich auch bei Arbeitgebern hierzulande wachsender Beliebtheit. Einige Videos erreichen Kultstatus und steigern so den Bekanntheitsgrad des Bewerbers – auch wenn sie gar nichts mit dem Beruf zu tun haben. Das leider jedoch nicht immer im positiven Sinne!
Es gibt einige Regeln für ein gutes Bewerbervideo – z. B. im Bezug auf die Technik, auf die Länge und natürlich auf den Inhalt. Andere sehr geeignete Medien sind DVD und/oder CD, die Sie dem potenziellen Arbeitgeber zusammen mit den üblichen Unterlagen zuschicken können. Darauf finden ein Video, eine akustische Vorstellung oder eine Diashow Ihrer Arbeitsproben Platz. Ihrer Phantasie sind keine Grenzen gesetzt.
Mehr dazu lesen Sie hier im Buch auf Seite 94.

Bewerbertools Die Bewerberflut hat zu einer ganz neuen Entwicklung im Internet geführt – einem großen Angebot von Bewerbertools. Unternehmen haben Tochterfirmen im In- und Ausland oder sind fusioniert. Bewerbertools bieten all diesen Unternehmen Zugriff auf Ihre Bewerbung und potenzieren so Ihre Chance auf einen Arbeitsplatz. Initiativbewerbungen finden gleichzeitig ihren Weg zu mehreren Arbeitgebern innerhalb eines Unternehmens. Passt ein Bewerberprofil nicht auf die Wunschposition, eignet es sich vielleicht für einen anderen Arbeitsplatz.
Mehr dazu lesen Sie hier im Buch auf Seite 132.

Online-Assessments Die technischen Möglichkeiten des Internet machen auch die Unternehmen erfinderisch. Wegen der Bewerberflut über das Internet versucht man sich auf genau diesem Wege die Bewerberauswahl zu erleichtern – per Online-Assessment. In mehr oder weniger phantasievoller oder spielerischer Gestaltung testen Konzerne online Wissen, Soft Skills und/oder Kenntnisse der Bewerber über ihr Unternehmen. Aufgrund der Ergebnisse entscheiden sie dann über eine Einladung zu einem Vorstellungsge-

spräch. In anderen Fällen erfolgt ein Online-Assessment erst nach einer E-Vorauswahl.
Mehr dazu lesen Sie hier im Buch auf Seite 178.

Nach der Bewerbung

Auch zum Nachfassen nach einem Vorstellungsgespräch eignet sich das Internet. Per E-Mail können Sie mit Ihrem potenziellen Arbeitgeber Kontakt halten oder sich mit anderen Bewerbern in Blogs oder auf Plattformen wie XING zu Ihrem Bewerbungserlebnis austauschen, Ratschläge einholen etc.
Und – nicht nur das Internet ist ein elektronisches Medium: Fax und Telefon gehören ebenfalls in diese Kategorie. Besonders gut eignen sie sich zum Nachfassen. Die Stimme ist eine der besten Möglichkeiten, Sympathie zu erzeugen, Interesse zu signalisieren und schnell zu reagieren. Denn trotz aller Technik, die persönliche „Chemie" überträgt sich immer noch persönlich von Angesicht zu Angesicht – oder von „Ohr zu Ohr".
Mehr dazu lesen Sie hier im Buch auf Seite 125.

Die Vorbereitung

Ihre Selbsteinschätzung, Analyse, Reflexion

Dieser Abschnitt wird Ihnen helfen, unabhängig von der Form, *wie* Sie sich bewerben (egal ob Sie sich online oder klassisch schriftlich bewerben), sich selbst besser einzuschätzen und Ihren persönlichen Standort zu bestimmen. Nehmen Sie sich etwas Zeit und stellen Sie sich den folgenden Fragen:

- Welche Werte habe ich?
- Was für ein Mensch bin ich?
- Was kann ich?
- Was tue ich gern?
- Was will ich?

Durch die Beantwortung dieser Fragen erlangen Sie wichtige Erkenntnisse über Ihre **Persönlichkeit**, Ihre **Leistungsmotivation**, Ihre **Kompetenz**, aber auch Ihre Zielvorstellungen und Chancen. Dieses Wissen wird Sie dabei unterstützen, den Arbeitsplatz zu finden, der zu Ihnen passt und der sich in Ihre Lebenszielplanung optimal integriert.

Welche Werte habe ich?

Hier geht es um Ihre grundlegende Einstellung zum Leben, um Ihre Wertvorstellungen und Motive. Notieren Sie,

- was für Sie im Leben wichtig ist
- welche Werte und Ziele Sie haben
- was Sie antreibt, welche persönlichen Motive Sie mit Ihrer Arbeit verbinden
- worin Sie den speziellen Sinn Ihres (Berufs-)Lebens sehen.

Wichtig! Wählen Sie aus diesen Kriterien alle die Punkte aus, die Ihnen für Ihren nächsten Arbeitsplatz wichtig oder sogar unverzichtbar erscheinen.

Fragen Sie sich, ob Sie im Zusammenhang mit Ihrem Job deutliche Anerkennung, Respekt, materielle Sicherheit oder Unabhängigkeit anstreben; ob es Ihnen um Macht und Einfluss geht, um Kontakte zu anderen Menschen oder um geistige Anregungen. Nur so können Sie ermitteln, was Sie langfristig motiviert und zufrieden macht.

Beispiele Wenn Sie mittelfristig mehr Freizeit anstreben, um sich Ihrer Familie zu widmen und Ihre Hobbys auszuleben, wäre eine Bewerbung in einer kleinen Werbeagentur weniger sinnvoll. Hier sind Sie zwar in einem kreativen, herausfordernden Umfeld tätig, dennoch sind Ihre Arbeitszeiten vermutlich unregelmäßig und Ihr persönlicher Einsatz sicherlich extrem hoch.
Wenn Sie Umweltschutz wichtig finden und aus Überzeugung stets Bioprodukte kaufen, sollten Sie überlegen, ob Sie in der Chemiebranche wirklich glücklich werden.
Eine Bewerbung im öffentlichen Dienst hingegen macht wenig Sinn, wenn es Ihnen um Anerkennung Ihrer Leistungen geht und wenn Sie schnell Karriere machen wollen, um deutlich Einfluss ausüben zu können.

Was für ein Mensch bin ich?

Jetzt geht es darum, Ihre Persönlichkeit, Ihren Charakter und damit verbundene Eigenschaften aber auch Fähigkeiten näher zu bestimmen. Benennen Sie zum Einstieg in diesen Fragenkomplex innerhalb einer Minute spontan drei Adjektive, die wichtige Merkmale Ihrer Persönlichkeit zutreffend charakterisieren. Bitte ergänzen Sie:

Ich bin:

1. ____________________
2. ____________________
3. ____________________

Beschreiben diese Adjektive wirklich zentrale Eigenschaften Ihrer Persönlichkeit? Und können Sie sich einer anderen Person mit dieser spontanen Auswahl stimmig präsentieren?
Wenn Sie sich über die Frage „Was für ein Mensch bin ich?" Gedanken machen, werden Sie merken, dass sich Ihre psychische Ausgangsposition festigt und Sie besser wissen, was beruflich zu Ihnen passt und was nicht. Denken Sie daran: Sie müssen bei dieser Selbstbeurteilungsliste nicht gut abschneiden und sich niemandem gegenüber rechtfertigen. Es geht allein um Ihre persönliche Einschätzung.

Was kann ich?

Nun steht die Klärung Ihrer vorhandenen „Zutaten", Ihrer beruflichen und außerberuflichen Fähigkeiten und Fertigkeiten im Vordergrund:

- Welches sind Ihre wichtigsten Fähigkeiten für die Position, die Sie anstreben?
- Was können Sie richtig gut, wo liegen Ihre besonderen Stärken?
- Auf welchen Gebieten vermuten Sie fachliche und persönliche Defizite und warum?
- Durch welche besonderen Aktivitäten zeichnen Sie sich in Ihrer Freizeit aus?
- Auf welchen Gebieten möchten Sie sich verbessern oder stärker engagieren?

Unterscheiden Sie bei der Beantwortung dieser Fragen berufliche und außerberufliche Fähigkeiten. Zu den beruflichen Fähigkeiten zählen beispielsweise Ausbildung, Spezialkenntnisse, Berufserfahrung, bisherige berufliche Aufgabengebiete, berufliche Kenntnisse und Interessen, darüber hinausgehende Weiterbildungsmaßnahmen, Projekte und bisherige Erfolge.
Zu den außerberuflichen Fähigkeiten zählen pädagogische Fähigkeiten, Sprachkenntnisse, soziale Kompetenz und soziales Engage-

ment, politische Tätigkeiten, handwerkliches Talent, technisches Verständnis, künstlerisch-musische Begabung sowie sportliches Können.

Ihre Stärken Sie gewinnen am leichtesten einen Überblick über Ihre Möglichkeiten, wenn Sie Ihre beruflichen und außerberuflichen Fähigkeiten getrennt analysieren. Dennoch gehören beide Bereiche zusammen. Zum Beispiel weist eine Vorliebe für Schachspielen auf Ihren logisch-analytischen Verstand hin und prädestiniert Sie für eine entsprechende Tätigkeit.
Wir haben für Sie eine Tabelle ins Internet gestellt unter **www.berufsstrategie-exakt.de**, die Sie bitte zuerst selbst ausfüllen und später eventuell anderen Personen vorlegen, damit diese Sie beurteilen.
Auch hier sollten Sie, wie bei den Eigenschaften aus dem Abschnitt „Was für ein Mensch bin ich?“, die Ihrer Meinung nach für das von Ihnen angestrebte Aufgabengebiet wichtigsten Fähigkeiten ankreuzen. Markieren Sie mit einem andersfarbigen Stift auch die Merkmale, von denen Sie denken, dass Ihr Arbeitgeber sie sich wünscht. Überlegen Sie, bei welchen Gelegenheiten Sie diese Qualifikationen schon unter Beweis gestellt haben.
Die Bearbeitung dieser Liste führt zu einem besseren Selbstbewusstsein und ermöglicht ein gezieltes Arbeiten an den zutage getretenen Defiziten, wenngleich der weitere Ausbau Ihrer Fähigkeiten unbedingt im Vordergrund stehen sollte!

Was tue ich gern?

Bei diesem Punkt geht es um die Frage, mit welchen vorhandenen Zutaten Sie am liebsten kochen, d. h. welche Ihrer Fähigkeiten setzen Sie gern ein. Sie werden auf Dauer nicht glücklich, wenn Sie einen Job ausüben, den Sie zwar gut beherrschen, der Ihnen jedoch keine Freude bringt. Wenn Sie sich beruflich neu orientieren, sollten Sie stets Ihre Interessen und Neigungen berücksichtigen, sonst wird es Ihnen an Engagement und Enthusiasmus fehlen. Fragen Sie sich deshalb also bei allen Fähigkeiten und Eigenschaften, die Sie sich selbst zuschreiben, ob Sie diese auch gern anwenden. Sie erzielen gute Verhandlungserfolge, fühlen sich jedoch von der Situation gestresst und anschließend ausgepowert? Und Sie mögen es nicht, im Privatleben um jeden Preis zu feilschen? Ein Zeichen dafür, dass Sie nicht auf Dauer diese Tätigkeit in Ihrem Job ausüben sollten. Umkreisen Sie daher wiederum mit einem Stift die Merkmale, an deren Ausübung Sie wirklich Spaß haben und prüfen Sie, ob Übereinstimmungen mit dem gewünschten Jobprofil vorherrschen.

Was will ich?

Klare Ziele zu haben, setzt enorme Kräfte in Ihrer Psyche frei, beflügelt Ihre Phantasie und hilft Ihnen durchzuhalten. Wenn Sie ein Ziel vor Augen haben, werden Sie sich automatisch in diese Richtung bewegen. Daher widmen Sie dieser Frage entsprechend viel Aufmerksamkeit und Zeit und beantworten Sie diese wieder getrennt nach persönlichem und beruflichem Bereich.

Checkliste: Fragen zur persönlichen Situation

- ☐ Was haben Sie bisher in Ihrem Leben erreicht?
- ☐ Was haben Sie bisher trotz guter Vorsätze nicht erreicht und warum?
- ☐ Was missfällt Ihnen an Ihrer jetzigen persönlichen Situation?
- ☐ Was möchten Sie an dieser am schnellsten ändern, und was kann noch warten?
- ☐ Wie sieht Ihre Partner- bzw. familiäre Situation aus, und gibt es da größere Probleme?
- ☐ Wer fördert bzw. behindert Sie in Ihrer persönlichen Entwicklung?
- ☐ Welchen Einfluss auf Ihre persönlichen Zielvorstellungen und Entscheidungen haben Ihr/e Partner/in, Ihre Kinder, Freunde und andere Bezugspersonen?

- ☐ Welche Ihrer persönlichen Eigenschaften und Fähigkeiten sind für Ihre Mitmenschen besonders wertvoll bzw. wichtig?
- ☐ Welchen Einfluss hat Ihre angestrebte Berufstätigkeit vermutlich auf Ihr Privatleben, und umgekehrt: Welchen Einfluss hat Ihr Privatleben auf Ihren Beruf?
- ☐ Welche persönlichen Gründe sprechen gegen einen Arbeitsplatz-, Branchen- und/oder Berufswechsel?
- ☐ Welche persönlichen Gründe sprechen gegen einen Ortswechsel?
- ☐ Welche persönlichen Schwierigkeiten sehen Sie in der Zukunft für sich?
- ☐ Fühlen Sie sich einer deutlichen Veränderung des Arbeitsplatzes und des Berufs- und Lebensumfeldes gewachsen?

Checkliste: Fragen zur beruflichen Situation

- ☐ Was haben Sie bisher beruflich/ausbildungsmäßig erreicht?
- ☐ Was haben Sie bisher trotz Ihrer Vorsätze beruflich nicht erreicht und warum?
- ☐ Was lässt bei Ihnen sowohl generell als auch konkret berufliche Zufriedenheit bzw. Unzufriedenheit entstehen?
- ☐ Was missfällt Ihnen an Ihrer jetzigen beruflichen Situation?
- ☐ Was möchten Sie an Ihrer jetzigen beruflichen Situation am schnellsten ändern, und was kann noch warten?
- ☐ Welche Ihrer beruflichen Kenntnisse und Fähigkeiten sind für Ihren zukünftigen Arbeitgeber und Ihre Kollegen besonders wertvoll bzw. wichtig?
- ☐ Fühlen Sie sich in beruflicher Hinsicht zurzeit eher über- oder unterfordert, und worin ist dies begründet?
- ☐ Wie kommen Sie mit Ihren Vorgesetzten bzw. Kollegen aus?
- ☐ Welche beruflichen Förderer und „Steine-in-den-Weg-Werfer“ haben Sie?
- ☐ Und wer könnte das in Zukunft sein?
- ☐ Wie sehen Ihre beruflichen Ziele aus, bezogen auf Position und Verdienst?

- [ ] Welche Chancen für Entwicklung und Aufstieg haben Sie an Ihrem jetzigen Arbeitsplatz?
- [ ] Wie sind die generellen Zukunftsaussichten an Ihrem Arbeitsplatz (in Ihrer Branche, in Ihrem Beruf)?
- [ ] Welche beruflichen Schwierigkeiten sehen Sie in der Zukunft für sich?
- [ ] Sind Sie mit den Leistungen (Bezahlung, Sozialleistungen, Extras etc.) Ihres jetzigen Arbeitgebers zufrieden?
- [ ] Welchen Einfluss auf Ihre beruflichen Zielvorstellungen und Entscheidungen haben Ihr/-e Partner/-in, Ihre Kinder, Freunde und andere Bezugspersonen?
- [ ] Welche Gründe sprechen für einen beruflich begründeten Ortswechsel? Sind Sie diesbezüglich flexibel?
- [ ] Trauen Sie sich zu, eine völlig neue berufliche Aufgabe zu übernehmen?

Versuchen Sie, aus der schriftlichen Beantwortung jeder einzelnen Frage Schlüsselwörter zu entwickeln, die Ihr Ziel kurz und prägnant beschreiben. Abstrahieren, verkürzen und vereinfachen Sie gegebenenfalls, und bringen Sie die für Sie ganz persönlich wichtigen Dinge „auf den Punkt“.
Erstellen Sie eine Rangfolge Ihrer Zielvorstellungen; sie ermöglicht Ihnen, Prioritäten zu erkennen und Schwerpunkte zu bilden. Diese persönliche und berufliche Situationsanalyse verschafft Ihnen Klarheit und hilft bei der Abwägung von Gründen für oder gegen einen Arbeitsplatz. Wichtig dabei ist die neu gewonnene Ausdrucksfähigkeit bezüglich der Frage „Was will ich, was ist wichtig für mich?“.

Job-Eroberungsstrategien

Bevor Sie sich bewerben, gilt es genau zu analysieren, in welchem Tätigkeitsfeld Sie aktiv werden wollen, in welcher Branche, für welche Position, mit welchen Aufgaben. Dabei hilft Ihnen die auf den vorherigen Seiten beschriebene Selbsteinschätzung, Analyse und Reflexion.

Zielfindung

Machen Sie sich klar, wie Ihr Wunschunternehmen aussieht: Ist es ein Kleinunternehmen, wo Ihr Chef auch der Inhaber ist und vielleicht noch weitere Familienmitglieder beschäftigt sind, ist es ein Mittelständler mit kurzen Entscheidungswegen und breit angelegtem Aufgabenfeld oder ein internationaler Konzern, bei dem die Möglichkeit besteht, einmal ins Ausland entsandt zu werden? Sind Sie flexibel, was den Arbeitsort betrifft oder kommt nur eine Firma an Ihrem Wohnort in Frage? Wenn Sie Führungskraft werden wollen, gibt es dazu in dem von Ihnen ausgewählten Unternehmen die Möglichkeit? Wollen Sie in Ihrem bisherigen Aufgabengebiet tätig bleiben oder reizt Sie etwas Neues? Möchten Sie in einem kreativen, jungen Umfeld arbeiten oder bevorzugen Sie ein klassisch-strukturiertes? Streben Sie einen Branchenwechsel an oder möchten Sie zu einem Wettbewerbsunternehmen wechseln? Viele Fragen, die Sie zunächst klären sollten, bevor Sie mit dem eigentlichen Bewerbungsprozess starten.

Tipp

Analysieren Sie intensiv Stellenanzeigen. Hier wird oft präzise formuliert, um welche Art von Tätigkeit und Umfeld es sich handelt. Dabei können Sie in sich hineinhorchen und feststellen, was Sie anspricht und warum. Die Kriterien, die Sie für sich als wichtig erachten, schreiben Sie auf. So finden Sie nach und nach heraus, was Sie wollen, und welche Arbeitgeber für Sie und Ihre

Bedürfnisse und Vorstellungen in Frage kommen.
Haben Sie ermittelt, welche Position Sie genau anstreben, gibt es verschiedene Wege, um mit geeigneten Arbeitgebern in Kontakt zu treten. Sie können:

- Ihr Netzwerk, Freunde und Bekannte kontaktieren und kommunizieren, was Sie suchen
- auf Stellenangebote in Zeitungen/Zeitschriften antworten
- eigene Stellengesuche aufgeben
- im Internet auf Stellenanzeigen z. B. bei Jobbörsen antworten
- eigene Stellengesuche oder Profile bei Jobbörsen hinterlegen
- sich initiativ bei Unternehmen Ihrer Wahl bewerben
- Ihre Unterlagen bei Personalberatern platzieren.

Beziehungen nutzen – Networking

Kontakte sind das A und O in der Arbeitswelt. Mehr als 30 Prozent der deutschen Arbeitnehmer finden einen neuen Job durch die Vermittlung von Bekannten und Freunden. Sie verfügen nicht über die richtigen Beziehungen? Dann sorgen Sie dafür, dass diese entstehen – z. B. durch Freunde, Verwandte, Nachbarn, Ex-Kollegen, Bekannte, etc.

Tipp

Der sicherste Weg zum Vorstellungsgespräch führt über Bekannte, oder über Bekannte von Bekannten, die Ihren Wunsch-Arbeitgeber kennen.
Jede Person, die Sie zu Ihrem Bekanntenkreis zählen, kommt als Kontakt in Frage. Jedes Familienmitglied. Jeder Ihrer Freunde. Jeder Händler oder Verkäufer, der Ihnen begegnet. Jeder Handwerker, der in Ihrer Wohnung etwas repariert. Jedes Mitglied Ihres Sportvereins. Jeder Lehrer, der Sie einmal unterrichtet hat.

Jede Person, der Sie vorgestellt werden. Jeder, dem Sie während Ihrer Arbeitssuche begegnen. Überlegen Sie, wen Sie gezielt ansprechen könnten. Stellen Sie eine Liste zusammen – am besten sofort.
Nutzen Sie Ihre persönlichen und beruflichen Kontakte: Je mehr Menschen wissen, dass Sie einen Arbeitsplatz suchen, desto schneller werden Sie einen finden. Bitten Sie Freunde, Verwandte und auch (ehemalige) Arbeitskollegen und Bekannte um Unterstützung und gezielte Hinweise. Bestimmt weiß jemand wo Leute mit Ihren Fähigkeiten eingestellt werden oder kennt Firmen- oder Personalchefs, mit denen Sie sprechen könnten. Formulieren Sie möglichst genau, wobei Sie Hilfe benötigen und beschäftigen Sie Ihre Freunde und Bekannten nicht mit ungenauen Fragen wie: „Thomas, ich bin arbeitslos. Wenn Du irgendetwas hörst, sag' mir bitte Bescheid." Damit kann niemand etwas anfangen. Finden Sie heraus, welcher Job Sie genau interessiert und haken Sie gezielt nach, wie etwa „Ich bin arbeitslos und würde gern wieder in der Versicherungsbranche als Außendienstmitarbeiter anfangen, möglichst hier in München. Wenn du etwas hörst, sag doch bitte gleich Bescheid. Ich könnte sofort starten."

Wichtig! Wenn Sie andere um Hilfe bei der Jobsuche bitten, sollten Sie zum Schluss immer erklären: „Und wenn ich etwas für Dich tun kann, sag' mir bitte Bescheid." Überlegen Sie aktiv, wie Sie Ihrem Netzwerk nutzen, mit welchem Gefallen Sie sich revanchieren könnten – auch außerhalb der Arbeitswelt. Suchen Sie ferner in regelmäßigen Abständen den Kontakt und melden sich nicht nur, wenn Sie Hilfe brauchen. Nicht immer ist ein persönliches Treffen machbar, auch mit kurzen Telefonaten, E-Mails oder SMS können Sie Ihr Gegenüber auf dem Laufenden halten. Informieren Sie Ihre Freunde möglichst regelmäßig über die Fortschritte bei Ihren Bewerbungsaktivitäten.
Mehr dazu lesen Sie hier im Buch auf Seite 189.

Wer sucht, der findet: Stellenangebote

In fast allen Printmedien (Tages- und Wochenzeitungen, Fachpresse), insbesondere auch im Internet bei Jobbörsen und auf den Homepages der Unternehmen selbst, finden Sie heute Stellenangebote. Dabei lassen sich generell drei Varianten von Stellenanzeigen unterscheiden:

1. Anzeigen, die eine direkte Kontaktaufnahme mit dem potenziellen Arbeitsgeber ermöglichen
2. Anzeigen, bei denen eine Personalberatungsfirma zwischengeschaltet ist, die im Auftrag des Arbeitgebers die Bewerberauswahl übernimmt
3. Anzeigen, deren Auftraggeber inkognito bleibt und nur über Chiffrezuschrift an die Zeitung oder einen Internetabwickler erreicht werden kann.

Inhaltlich gliedern sich Stellenanzeigen in	
eine Firmenpräsentation	wer sucht?
das konkrete Stellenangebot	für welche Tätigkeit?
die Anforderungen	wen, mit welchen Qualifikationen
eventuell Hinweise auf die Vergütung, Einstellungsdatum, Aufstiegschancen, Arbeitszeiten, etc.	zu welchen Bedingungen?
die Art der gewünschten Kontaktaufnahme	vollständige Bewerbungsunterlagen, E-Mail-Bewerbung, etc.

Entscheidend für Sie als Bewerber ist die Frage: Passe ich mit meinem Profil auf die ausgeschriebene Position und zu dem Unternehmen?

Grundsätzlich fordern die meisten Unternehmen neben den sogenannten *Hard Skills* auch *Soft Skills*. Zu den harten Fakten zählen zum Beispiel Ausbildungen und Bildungsabschlüsse (Tischler, Buchhalterin, Diplom-Ingenieur, Betriebswirt, Mediziner etc.) oder eine entsprechende Berufserfahrung. Zu den weichen Kriterien gehören soziale Kompetenzen wie Kommunikationsfähigkeit oder Teamorientierung.

Zu den *Hard Skills* (harte Fakten) gehören zum Beispiel:

- spezielles Fachwissen
- eine besondere Berufserfahrung
- Mitarbeiterführungsverantwortung
- EDV-Kenntnisse
- Sprachen
- Auslandserfahrung.

Zu den *Soft Skills* (weiche Fakten) gehören zum Beispiel:

- soziale Kompetenz
- selbstständiges Arbeiten
- Kundenorientierung
- Team- und Projektarbeit
- Belastbarkeit, Kritikfähigkeit
- Lernfähigkeit.

Die Anforderungen lassen sich dabei in Muss- und Soll-Kriterien unterteilen. Formuliert das Stellenangebot für die harten Fakten ausdrücklich „Voraussetzung ist ...“ oder „Erwartet wird ...“, sollte das Profil des Bewerbers nicht allzu weit vom Geforderten abweichen. „Haben Sie außerdem noch ...“ signalisiert deutlich: „Wir bevorzugen Bewerber, die dieses Kriterium erfüllen.“
Faustregel: Ob Tageszeitung, Fachjournal oder Online-Jobbörse – ein Angebot kommt dann für Sie in Frage, wenn Sie mindestens 60 Prozent der gestellten Anforderungen erfüllen.

Wichtig! So analysieren Sie Stellenanzeigen- und angebote richtig: Mit einer Stellenanzeige wirbt ein Unternehmen um Aufmerksamkeit und um Mitarbeit. Manche Unternehmen bringen in ihrer Anzeige präzise zum Ausdruck, was sie suchen und anzubieten haben, andere texten nebulös oder unrealistisch. Lassen Sie sich also weder von den guten noch von den schlechten Anzeigen zu sehr in die eine oder andere Richtung (zu optimistisch, zu pessimistisch) beeinflussen. Denn jetzt sind Sie in der Position, zu beurteilen und auszuwählen.

Nach diesen Kriterien können Sie Ihren Analyse- und Auswahlprozess steuern:

- Wie wirkt die Anzeige auf Sie (Format, Gestaltung, Text)?
- Um was für ein Unternehmen handelt es sich (Kleinbetrieb, Mittelständler, Konzern, öffentlicher Dienst)?
- Wie stellt sich das Unternehmen dar (modern, international, konservativ)?
- Was wird zu den Produkten oder Dienstleistungen ausgesagt?
- Ist eine Unternehmensphilosophie erkennbar?
- Können Sie mit der Aufgabenbeschreibung, dem zukünftigen Tätigkeitsfeld etwas anfangen?
- Sind die beruflichen und persönlichen Anforderungen an den Bewerber klar zu identifizieren?
- Wird nach Muss-, Soll- und Kann-Anforderungen unterschieden?
- Werden berufliche Spezialkenntnisse verlangt?
- Werden besondere Persönlichkeitsmerkmale angesprochen?
- Welche Anforderungen (fachlich wie persönlich) erfüllen Sie?
- Welche Anforderungen werden Sie in naher Zukunft erfüllen können?
- Welche Anforderungen erfüllen Sie nicht und warum nicht?
- Was wird dem zukünftigen Mitarbeiter geboten?
- Wie sind diese Kriterien geregelt: Erfahrung, Mindest- oder Höchstalter, Arbeitszeit, Mobilität, Fortbildung, Entwicklungschancen?
- Und diese: Bewerbungsfrist, Bezahlung, Eintrittstermin, Einarbeitung?
- Können Sie sich eine Mitarbeit in diesem Unternehmen vorstellen?

- Können Sie sich eine Bewerbung für diese Stelle/Position vorstellen?
- Was könnten Sie dem Unternehmen sowohl in fachlicher als auch in persönlicher Hinsicht anbieten?
- Was wissen Sie bereits über das Unternehmen und wo können Sie weitere Information erhalten?
- Sind in der Anzeige Ansprechpartner, Adresse, Telefon, Homepage benannt?
- Verspüren Sie Lust und macht es Sinn, sich mit der Anzeige und weiteren Recherchen zu beschäftigen? Warum ja, warum nein?

Lassen Sie sich als Anfänger und Einsteiger weder blenden noch zu schnell von Anzeigenformaten und „ausführlichsten" Anforderungen entmutigen. Hier gilt das Gleiche wie für Sie als Bewerber: Ein schlechter Text bedeutet nicht automatisch eine schlechte Firma bzw. Aufgabe und umgekehrt, ein guter Text ist keine Garantie, dass die Arbeitswirklichkeit auch so aussieht.

Recherchieren und Kontaktieren im Internet

Immer mehr Unternehmen nutzen das Internet, um neue Mitarbeiter anzuwerben. Über 95 Prozent der 1000 größten deutschen Unternehmen veröffentlichen ihre Stellenausschreibungen (auch) auf der eigenen Homepage. Über 70 Prozent der Unternehmen nutzen regelmäßig die kommerziellen Jobbörsen im Internet. Und wer seinen potenziellen Arbeitgeber bereits kennt, findet auf der firmeneigenen Homepage neben aktuellen Jobangeboten auch interessante Informationen über neue Projekte, Firmenphilosophie oder Mitarbeiterzahlen.
Für jede Werbeagentur ist klar: Je mehr sie über ihre Kunden und deren Vorstellungen und Wünsche weiß, desto besser kann sie sie zufrieden stellen. Jeder Kunde muss den Eindruck gewinnen, dass man für genau seine Bedürfnisse eine passende Lösung parat hat.
Stellen Sie sich vor, Sie selbst sind eine Werbeagentur: Sie wollen Ihren Kunden überzeugen, dass gerade Sie und nur Sie seine Bedürf-

nisse richtig erkannt haben und voll befriedigen können. Sie wissen, was er von Ihnen erwartet. Versuchen Sie, optimal ins Firmenprofil zu passen! Das bedeutet: So viel wie möglich über Ihren Kunden, Ihren künftigen Auftraggeber, herauszufinden.
Informationen über den zukünftigen Arbeitgeber finden Sie im Internet (s. a. „Corporate Blogs“, Seite 202), in speziellen Nachschlagewerken (z. B. bei Hoppenstedt – lassen Sie sich in einer öffentlichen Bibliothek beraten oder sehen Sie nach unter **www.hoppenstedt.de**!), in der Fachliteratur und in Zeitschriften und fordern Sie – eventuell unter dem Namen eines Freundes – Informationsmaterial an, oder bitten Sie telefonisch um Auskünfte, bei größeren Unternehmen um Geschäftsberichte, Presseinformationen oder Organigramme (Darstellungen der Struktur einer Firma). Auch alle Arten von Messen sind gute berufliche Informations- und Kontaktbörsen. Nutzen Sie ferner die Hilfe von Experten, nehmen Sie Angebote von Personalberatungen oder Bewerbungsberatern wahr. Denken Sie auch an die Kammern von Industrie, Handel und Handwerk bis hin zu besonderen Interessenvertretungen.

Wir stellen Ihnen fünf Situationen vor, in denen Sie das Internet für Ihre Bewerbung gezielt nutzen können:

1. Die Suche nach Informationen über Arbeitgeber;
2. die Suche nach Stellenangeboten aus Zeitungen/Zeitschriften;
3. die Suche nach Stellenangeboten auf den Seiten der Firmen;
4. die Suche und eigene Platzierung auf virtuellen Arbeitsmärkten;
5. und, zunehmend wichtiger: die elektronische Kontaktaufnahme.

1. Recherchieren von Informationen über einen Arbeitgeber

Egal, ob Sie sich bei einem Unternehmen bewerben wollen oder bereits zum Vorstellungsgespräch eingeladen sind – das Internet bietet hervorragende Informationsmöglichkeiten. Falls Sie die Internetanschrift des Unternehmens nicht kennen, suchen Sie am besten mithilfe einer guten Suchmaschine (z. B. **www.metager.de** (Testsieger), **www.search.wikia.com**, **www.google.de**, **www. yahoo. de**, **www.altavista.de**).

Checkliste: Die wichtigsten Recherchefragen

- ☐ Wie groß, wie alt ist das Unternehmen?
- ☐ Welche Standorte gibt es, was wird dort gemacht?
- ☐ Sind Umsatzzahlen bekannt?
- ☐ Wie viele Mitarbeiter gibt es?
- ☐ Wird eine Firmenphilosophie dargestellt?
- ☐ Wie werden Kunden angesprochen?
- ☐ Ist die Homepage technisch auf dem neuesten Stand?
- ☐ Werden aktuelle Informationen angeboten oder sind diese veraltet?
- ☐ Welche Mitbewerber/Konkurrenten hat das Unternehmen auf dem Markt und wie steht es da?
- ☐ Welchen Ruf genießt das Unternehmen, seine Produkte/Dienstleistungen/ggf. die Aktien?
- ☐ Was wurde bisher über das Unternehmen berichtet? (Hierzu nicht nur auf der unternehmenseigenen Seite recherchieren!)
- ☐ Was gibt es an aktuellen Ereignissen, Entwicklungen, die für diese Unternehmen relevant sind?

2. Stellenangebote in Zeitungen

Eine sehr gute Möglichkeit, den Kauf von Zeitschriften zu umgehen und zudem gezielter zu recherchieren, ist die Suche nach Stellenanzeigen im Internet. Dort finden Sie mit ein wenig Zeitverzögerung fast alle Stellenanzeigen der Tageszeitungen/Fachmagazine kostenfrei. Achten Sie aber darauf, dass die Stellenanzeigen halbwegs aktuell sind (möglichst nicht älter als drei Wochen)!

Ausgewählte Beispiele für Online-Stellenmärkte der Zeitungen	
Süddeutsche Zeitung	http://stellenmarkt.sueddeutsche.de
Handelsblatt	www.handelsblatt.de
Frankfurter Allgemeine Zeitung	http://fazjob.net/
Financial Times Deutschland	www.ftd.de
Die Zeit	www.jobs.zeit.de

Wenn Sie genau wissen, in welcher Branche Sie arbeiten wollen, sehen Sie sich außerdem in den entsprechenden Fachpublikationen um. Sie finden auch diese per Suchmaschine.

3. Stellenangebote bei Firmen

Viele Firmen haben eigene Jobseiten auf ihren Homepages. Viele sind aktuell und seriös platziert, einige jedoch aus Imagegründen gefüllt, nach dem Motto: „Uns geht es wirtschaftlich so gut, dass wir immer Leute einstellen können."

Immer häufiger finden Sie dort Bewerbungsformulare, die Sie direkt am Computer ausfüllen können. Die erste Auswahl trifft dabei oft ein Computer. Wenn Sie postwendend die Mitteilung erhalten, dass man Sie nicht einladen und näher kennenlernen möchte, Sie aber sicher sind, dass Sie für die Position geeignet sind, sollten Sie den persönlichen telefonischen Kontakt versuchen oder eine schriftliche Kurzbewerbung per Post verschicken (s. Seite 120). Eine Kontaktadresse/Telefonnummer des Ansprechpartners finden Sie oft auf der entsprechenden Internetseite oder Sie können diese durch einen Telefonanruf ermitteln (s. Seite 122).

4. Arbeitsmärkte im Internet

Inzwischen gibt es weit über 200 Adressen, unter denen Unternehmen und Institutionen Stellen anbieten. Viele dieser Anbieter haben sich auf einen bestimmten Bereich spezialisiert.

Manche Jobbörsen bieten den Bewerbern (eventuell gegen eine Gebühr) an, ihre „Lebensläufe" abzubilden, sodass auch Arbeitsplatzanbieter die Profile der einzelnen Bewerber einsehen können.

Detailliert beschäftigen wir uns in diesem Buch mit dem Thema unter „Virtuelle Stellenbörsen" ab Seite 132.

5. Elektronische Kontaktaufnahme

Per E-Mail können Sie sehr schnell Kontakt mit einem zuständigen Fach- oder Personalabteilungsmitarbeiter eines Ihrer Wunscharbeitgeber aufnehmen oder direkt Ihre Onlinebewerbung versenden.

Für eine solche Kontaktaufnahme gibt es keinen allgemein verbindlichen Standard. Recherchieren Sie daher auf der jeweiligen Homepage, was das Unternehmen wünscht. Vor allem bei Großunternehmen gibt es Bewerbungsformulare zum direkten Ausfüllen für Bewerber, andere Firmen bevorzugen eine E-Mail-Bewerbung mit Anhang (Word- oder PDF-Datei) oder ohne. Lesen Sie zu diesen Formen der Bewerbung mehr ab Seite 147.

Ihre Bewerbungs-unterlagen

Das sollten Sie wissen, bevor Sie sich bewerben!

Es ist Ihr Lebenslauf, besser Ihr beruflicher Werdegang, der die Personalentscheider wirklich interessiert, und der als Grundlage für die Entscheidung *für* oder *gegen* Sie als neuer Mitarbeiter dient!
Deshalb muss Ihre „berufliche Vita“ vor allem Auskunft darüber geben, was Sie aktuell leisten und wie es dazu gekommen ist. Nur so kann der Entscheider abschätzen, ob er Ihnen neue Aufgaben zutraut. Ein guter papierener oder elektronischer Auftritt kann Ihnen dabei wesentlich weiterhelfen. Er kann Sie im Bewerbungsprozess ein deutliches Stück voranbringen oder aber das Aus bedeuten, wenn der Empfänger kein Interesse an Ihnen entwickelt.
Ihr Ziel ist die Einladung zu einem persönlichen Gespräch. Ihre Unterlagen sollen also Interesse an Ihrer Person, an Ihren Fähigkeiten und damit an Ihren Problemlösungsqualitäten auslösen. Gerade bei der Anfertigung dieser Unterlagen bieten sich Ihnen viele Möglichkeiten, sich aus der Masse abzuheben. Wir zeigen Ihnen, was bei diesem Herzstück Ihrer Bewerbung möglich ist und worauf Sie unbedingt achten sollten.

Die entscheidenden Weichensteller

Sie wollen eine Botschaft einer Person näher bringen, möchten eine Entscheidung in Ihrem Sinne beeinflussen. Dafür gilt es drei aufeinander abgestimmte Schritte zu beachten:

1. Was wollen Sie dem Arbeitsplatzanbieter kommunizieren (Kommunikationsziel)?
2. Wie formulieren Sie aus den sorgfältigen Überlegungen zu Ihrem Kommunikationsziel verständliche, schnell begreifbare, und vor allem überzeugende Botschaften?

3. Wie belegen Sie diese Botschaften, um deren Glaubwürdigkeit und Überzeugungskraft ebenso zu stärken wie deren Erinnerungsgehalt (**Argumentation**)?

Denken Sie im Vorfeld Ihres Vorhabens darüber nach, wie Sie sich selbst (aber auch, wie andere *Sie*) in punkto **Kompetenz**, **Leistungsmotivation** und **Persönlichkeit** (**KLP**) beurteilen. Wenn Sie sich lange genug mit diesen Themen und Fragen auseinandergesetzt haben und zu substanziellen Ergebnissen gekommen sind, wird es Ihnen leichter fallen, bezogen auf den von Ihnen angestrebten neuen Arbeitsplatz, ein Kommunikationsziel zu entwickeln.
Was haben Sie anzubieten? Ihre Mitarbeit, schön und gut, das bieten aber auch die anderen Kandidaten an. Da müssen Sie sich schon ein bisschen mehr einfallen lassen! Welche Situationen, Begebenheiten in Ihrem (Berufs-) Leben verdeutlichen, was Ihre Botschaften als Kurzformeln transportieren sollen? Wie sehen Ihre Argumente aus?
Arbeiten Sie darüber hinaus den sogenannten **USP** heraus (Unique Selling Proposition, zu Deutsch: Alleinstellungsmerkmal: Das, was Sie positiv von anderen Bewerben unterscheidet). Was könnte also Ihr Alleinstellungsmerkmal sein? Sie müssen plausibel machen, dass Sie etwas ganz Spezielles für „Ihren Kunden", den Arbeitsplatzanbieter, tun können, und dass Sie dadurch der bessere Problemlöser, der vielversprechendere Gewinnbringer sind.

„Erlaubt ist, was gefällt"?

In den diversen Ratgebern zu diesem Thema finden Sie immer wieder recht starre Empfehlungen und Regeln: Nennen Sie keinesfalls ein Hobby, Ihren Familienstand oder Ihre Gehaltsvorstellung – und vielerlei mehr. Manche Aussagen sind sogar widersprüchlich. Am besten Sie vergessen dies alles!
Je nach Bewerbungsform, je nach Branche und Bewerbertyp gibt es sicherlich Grenzen für die kreative und individuelle Gestaltung

einer Bewerbung. Aber innerhalb dieser Grenzen gibt es erstaunlich viele innovative Möglichkeiten, die Sie nutzen sollten. Aufgrund unserer über 25-jährigen Erfahrung in der Beratung von vielen tausend Bewerbern wissen wir um die „modischen" Entwicklungen und Trends und haben diese auf ihre Praxistauglichkeit hin überprüft.

Auch wenn es nicht *den* Königsweg für die hundertprozentig erfolgreich überzeugende E-Bewerbung gibt, und selbst wenn man mit einem innovativ-kreativen Ansatz nicht jeden Personalchef überzeugen kann, eine gut durchdachte Bewerbung wird ihre Wirkung nicht verfehlen ... und die Personalentscheider werden Ihr Engagement zu schätzen wissen und entsprechend positiv darauf reagieren.

Im Folgenden stellen wir Ihnen die zwei wichtigsten Wege (postalisch/elektronisch) und vier entscheidende Formen der schriftlichen Bewerbung vor. Jede bietet außergewöhnliche Gestaltungsmöglichkeiten.

Diese inhaltlichen und formalen Möglichkeiten haben Sie sowohl bei der postalischen, als auch bei der elektronischen Bewerbung:

1. in Form und Inhalt (Aussage) klassisch und konservativ,
2. in der Form eher konservativ, inhaltlich unkonventionell,
3. in der Form eher unkonventionell, dafür inhaltlich eher konservativ,
4. Form und Inhalt (Aussage) unkonventionell.

Um Bewerbungsunterlagen zu erstellen, die sich deutlich positiv vom Durchschnitt abheben, stehen Ihnen eine Reihe ästhetischer Tricks und Kniffe (ab Seite 76) zur Verfügung.

Die Dramaturgie Ihres Drehbuchs: Lebenslauf, Foto, Anlagen

Zunächst müssen Sie entscheiden, wie Ihre (E-)Bewerbungsunterlagen aussehen sollen, welche „Seiten", welche Infos Sie in welcher Abfolge zusammenstellen und präsentieren wollen. Bildlich gesprochen: Wie soll das „Drehbuch" Ihres Werbe- und Erfolgsfilms konzipiert werden? Wir greifen hier zunächst auf die papierene Darstellung zurück, weil sich daran schneller vermitteln lässt, welche inhaltlichen Möglichkeiten Sie haben, welche Varianten vorstellbar sind. Die Übertragung später in ein beliebiges elektronisches Medium (Fax, E-Mail mit Dateianhängen, Powerpoint-Präsentation etc.) ist der nächste Schritt.

Zur Drehbuch-Metapher: Alle Rollen werden durch Sie besetzt. Sie sind der Produzent, Drehbuchautor, Regisseur und – wenn Sie weiterkommen, eingeladen werden – sind *Sie* selbstverständlich der Hauptdarsteller.

Als Drehbuchautor müssen Sie zunächst wissen, was Sie Ihrem (Lese-)Publikum vermitteln wollen und auf welche Art das geschehen soll. Für Ihre Unterlagen bedeutet dies: Was soll wie auf welchen „Seiten" stehen? Wir zeigen Ihnen verschiedene Varianten in Form von Skizzen. Betrachten Sie diese Vorschläge als Anregung. Sie entscheiden, was Sie für sich in Anspruch nehmen wollen und was nicht. Der Einfachheit halber behandeln wir im Folgenden die Bewerbung so, als ob es nur um die papierene, die k(wie klassische)-Bewerbung geht. Schlussendlich folgt die E-Bewerbung auch in weiten Teilen diesem Modell.

Je differenzierter Sie den Inhalt jeder einzelnen „Seite" planen, desto leichter wird Ihnen später die Umsetzung fallen. Wie umfangreich Ihr „Werbeprospekt in eigener Sache" insgesamt wird, bestimmen Sie. Ob es nur zwei, drei „Seiten" plus Anlageseiten werden oder sechs bis sieben „Seiten", ob es ein Deckblatt gibt, oder besser eine Einleitung, eine ausführliche Selbstdarstellung bis hin zum

Anlagenverzeichnis mit Überblick über weitere zehn Dokumente – das hängt vor allem vom Alter und der entsprechenden Berufserfahrung sowie von Ihrer Position ab. Und nicht alles, was man als Bewerber zu bieten hat, gehört in die Unterlagen. Da ist oft weniger mehr!

Diese Variante kennen Sie: Das Anschreiben auf einer Seite, relativ neu und außergewöhnlich das Extra-Deckblatt. Dann folgt auf einer oder zwei Seiten der Lebenslauf, anschließend die Anlagen, wie Arbeits- und Ausbildungszeugnisse etc.

Nach dem Anschreiben (hier in der Abbildung weggelassen) und einem Deckblatt folgt noch vor den Lebenslaufdaten eine Seite mit den persönlichen Daten, Ihrem Foto und gegebenenfalls einem Resümee.

Besonders die Einleitungsseiten (Deckblatt, Inhaltsübersicht, Einleitungsseite, erste Botschaften) bis hin zum Lebenslauf sind nach persönlichem Geschmack ausführlicher oder knapp zu gestalten, möglicherweise auch gänzlich einzusparen.

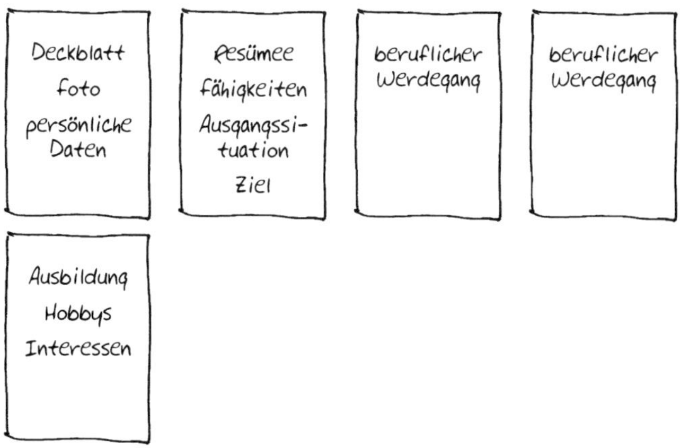

Bereits auf dem Deckblatt wirbt hier der Kandidat mit seinem Foto und den Sozialdaten. Dann folgt zuerst ein Überblick über die Fähigkeiten und die Ausgangssituation sowie die beruflichen Ziele, um auf den beiden folgenden Seiten den beruflichen Werdegang zu präsentieren. Die Ausbildungsdaten sowie Interessen/Hobbys kommen zum Schluss.

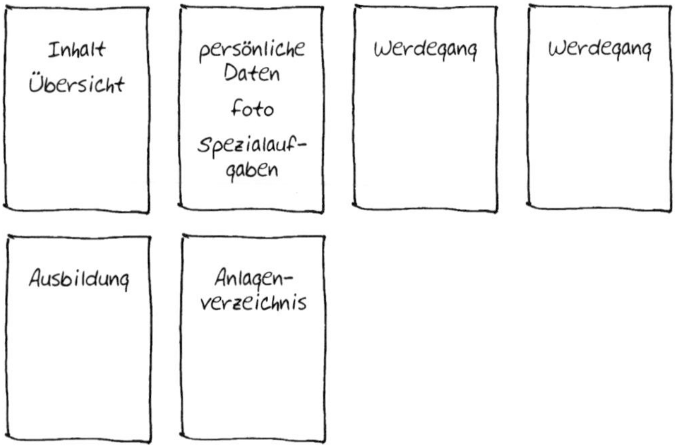

Das Inhaltsverzeichnis hat hier eine Art Deckblattfunktion, die folgende Seite trägt Foto und Sozialdaten sowie eine Aufführung beruflicher Spezialaufgaben beziehungsweise Qualifikationen. Dann folgen Seiten des beruflichen Werdegangs. Die Ausbildungsdaten, Interessen und Hobbys kommen wieder zum Schluss. Nicht zu vergessen: eine Extraseite mit dem Anlagenverzeichnis.

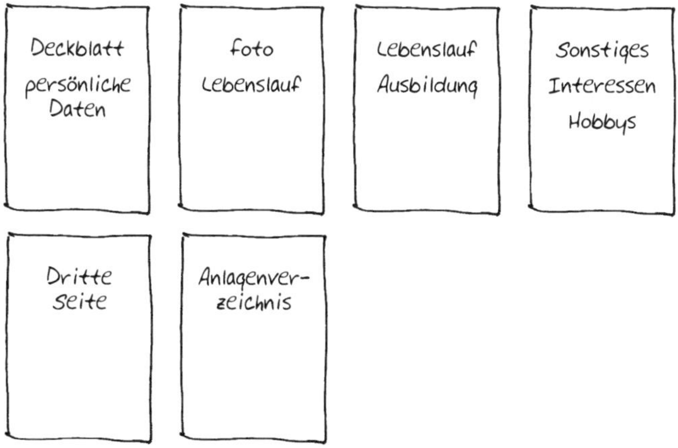

Hier enthält das Deckblatt schon wichtige Sozialdaten des Bewerbers. Auf der nächsten Seite zuerst das Foto, dann Lebenslaufdaten über zwei Seiten inklusive der Ausbildung am Ende der dritten Seite. Auf der vierten Seite, eventuell nur halbvoll mit „Sonstige Kenntnisse“ und „Hobbys“, könnten Sie bereits unterschreiben. Die neue „Dritte Seite“ – hier eigentlich die fünfte – enthält eine spezielle Botschaft für den Leser. Das Anlagenverzeichnis rundet die ganze Sache gut ab.

Zur Veranschaulichung hier einige Beispiele guter Bewerbungen, mit Verbesserungsvorschlägen und Kommentaren.

Datei Bearbeiten Ansicht Einfügen Format Extras Tabelle Fenster

An...

Betreff: Bewerbung als Berufspraktikant in der Entwicklung

Anlagenoptionen...

Sehr geehrter Herr Geyer,

vielen Dank für unser anregendes Telefonat vom 01.07.
Wie besprochen hier meine Bewerbungsunterlagen.
Mein viermonatiges Praktikum kann ich sofort beginnen.

Kurz zu meinem Profil:

- Studium der Informatik an der Universität Leipzig, 6. Semester
- Schwerpunkt des Studiums: Angewandte Informatik, Nebenfach: Geophysik
- Werkstudent und Praktikant in namhaften Unternehmen
- Praxis im Programmieren von Web-Applikationen mit Java als freiberuflicher Webdesigner

Als Auszubildender, Zivildienstleistender und Arbeiter habe ich einen realistischen Einblick in das Arbeitsleben gewonnen.

Meine Charakteristika umfassen die Fähigkeit zur schnellen Einarbeitung und eigenverantwortlichen Durchführung von Aufträgen. Dabei reizt es mich, Lösungen abseits ausgetretener Pfade zu entwickeln. Ich arbeite gern und erfolgreich im Team.

Innerhalb der von Ihnen angegebenen Bereiche interessieren mich vor allem

- die Entwicklung von Internet-Prozess-Portalen sowie
- das Kennenlernen Ihrer Software und weiterer neuer Technologien.

Über die Einladung zu einem persönlichen Gespräch freue ich mich.

Mit freundlichen Grüßen

Stefan Serlach

Stefan Serlach
Thomas-Müntzer-Str. 3
04203 Leipzig
Telefon: 0341 5567841
Mobil: 0175 3445978

LEBENSLAUF — Stefan Serlach

Persönliches

Thomas-Müntzer-Str. 3, 04203 Leipzig	Anschrift
0341 5567841 oder 0175 3445978	Telefon
01.05.1986 in Braunschweig; unverheiratet	Geburt, Familienstand

Studium

Angestrebter Bachelor-Abschluss	Juli 2011
Hauptinteressen: – Angewandte Datenbanktechnologie / e-Business – geografische Informationssysteme	
Nebenfach: Geophysik	
Studium der Informatik, Studienziel Diplom, Universität Leipzig	seit Okt. 2008

Praktika/Werkstudent

Werkstudent bei der Leipziger Messe GmbH, Leipzig: Weiterentwicklung des Businessportals Design und Entwicklung eines Single-Sign-on-Kundenportals	seit Okt. 2009
Werkstudent bei der Software AG, Darmstadt: Mitarbeit bei der Angebotserstellung Entwicklung von Client-Server-Lösungen im Datenbankumfeld	Juli–August 2009
Praktikum bei Marschner IT-Service GmbH, Göttingen: Design und Pflege des technischen Kunden-Newsletters	Juli–Sept. 2008

Sonstige Praxis

Freiberufliche Tätigkeit als Webdesigner: Konzeption und Pflege der Websites von Geschäftsinhabern, Freiberuflern und Vereinen	2006–2008
Jobs als Lagergehilfe und Hilfsarbeiter bei Rudolf Metallveredelung GmbH, Fulda	2007/2008
Zivildienst im Altersheim, Quedlinburg	2006/2007
Ausbildung als Einzelhandelskaufmann im Elektrofachgeschäft, Goslar	2002/2003

LEBENSLAUF
Stefan Serlach

Schul- und Weiterbildung

Gesamtschule in Aschersleben Abschluss: allgemeine Hochschulreife	2003–2006
Grundschule und Realschule in Goslar mittlerer Bildungsabschluss	1992–2002

Besondere Kenntnisse

Englisch sehr gut in Wort und Schrift Latein, Altgriechisch	Fremdsprachen
Oracle, Adabas	Datenbanken
C++, JAVA, Natural	Programmiersprachen
Team Track, Eclipse, Tamino	Tools
WebServices, HTML, XML, J2EE	Internet
Windows, Mac OS X, LINUX	Betriebssysteme
Klasse B	Führerschein

Interessen

Taekwondo, Snowboarden	Sport
Jugendbetreuung im Technischen Hilfswerk	Engagement

Leipzig, 5. Juli 2011

Stefan Serlach

Zu den Unterlagen von Stefan Serlach Der Informatikstudent Stefan Serlach verzichtet im **Anschreiben**, das er direkt in die E-Mail-Maske schreibt, auf jegliche Formatierung. Der Bezug gehört in die Betreffzeile des E-Mail-Programms, seine Absenderdaten bringt er am Ende des Textes unter – dezent abgetrennt durch eine Linie, die zur Formatierung des Lebenslaufs passt.
In der Anlage hat er seinen **Lebenslauf** als PDF-Datei angehängt. Dieser ist ansprechend gestaltet und transportiert auf zwei Seiten alle wichtigen Informationen.
Schade, dass wir nicht mehr über sein Engagement beim Technischen Hilfswerk erfahren. Das wird sicher ein Thema im Vorstellungsgespräch. Hier haben wir nun auch eine „richtige" Unterschrift.

Datei Bearbeiten Ansicht Einfügen Format Extras Tabelle Fenster

An...

Betreff: Initiativ-Bewerbung als Dipl.-Ing. Elektrotechnik

Anlagenoptionen...

Sehr geehrte Frau Siering,

vielen Dank für das freundlich-informative Telefonat.
Wie besprochen hier meine Bewerbungsunterlagen.

Kurz zu meiner Person:

- Dipl.-Ing. Elektrotechnik (TFH Bremen), 34 Jahre alt
- Praktikant im Schering-Technikum, Berlin
- Werkstudent in den Schering-Bereichen Energieübertragung und -verteilung sowie Übertragungssysteme in Berlin

Außerdem verfüge ich über sechs Jahre Auslandserfahrung und bin gelernter KFZ-Mechaniker.

Zu meinen wesentlichen Persönlichkeitsmerkmalen gehören ein breites Interessenspektrum, ausgeprägte Kommunikations- und Begeisterungsfähigkeit sowie ein hohes Maß an Eigeninitiative und Flexibilität.

Ich strebe einen Einsatz in den Bereichen
Industrial Engineering,
Fertigung oder
Projektierung an

Über eine Einladung zu einem persönlichen Gespräch freue ich mich.

Mit freundlichen Grüßen

Peter Panlow

1. Variante

Datei Bearbeiten Ansicht Einfügen Format Extras Tabelle Fenster

An...

Betreff: Initiativ-Bewerbung als Dipl.-Ing. Elektrotechnik

Anlagenoptionen...

Meine Daten (Kurzform)
Peter Panlow, geboren am 27.08.1976 in Koblenz
ledig, ortsungebunden

Hochschulbildung
04/2005 - 02/2011
Technische Fachhochschule Bremen
Elektrotechnik: Schwerpunkt Fertigung,
Vertiefungsfächer: Fertigungstechnik,
Fertigungsmittel, Kosten- u. Investitionsrechnung,
Industrial Engineering, Materialfluss- u. Fabrikplanung,
Operations Research

02/2009 - 07/2009
Praktisches Studiensemester bei der Bayer AG,
Abteilung Technikum, Berlin

11/2009 - 02/2011
Diplomarbeit bei Karl Meuser Anlagenbau GmbH, Berlin
Thema: Analyse und Projektierung einer Kunststoffschmelzanlage
unter besonderer Berücksichtigung sparsamer Energieverwendung
Abschluss: Diplom-Ingenieur Elektrotechnik mit der Note »gut«

Auslandserfahrung
07/1997 - 09/2003 England
Produktionsmitarbeiter bei Sainsbury in Leeds u. Manchester,
zuletzt Gruppenleiter Maschinenspezialbau

Berufsausbildung
08/1992 - 07/1995
Ausbildung zum Kraftfahrzeugmechaniker

Sprachkenntnisse
Englisch fließend; Niederländisch gut in Wort und Schrift

EDV-Kenntnisse
MS Windows, WinWord, Excel, Adobe Illustrator, ABC Flow Charter,
Turbo Pascal, AutoCAD, MS-Projekt, CA-Super Project

Peter Panlow, (Dipl.-Ing.)
Düsseldorfer Straße 11, 10719 Berlin,
Telefon: 030 / 881 29 40
E-Mail: peter.panlow@gmx.de

2. Variante

Datei Bearbeiten Ansicht Einfügen Format Extras Tabelle Fenster

An...

Betreff: Initiativ-Bewerbung als Dipl.-Ing. Elektrotechnik

Anlagenoptionen...

Meine Daten

Peter Panlow, geboren am 27.08.1976 in Koblenz
ledig, ortsungebunden

Hochschulbildung
04/2005 - 10/2011
Grund- u. Hauptstudium Technische Fachhochschule
in Bremen: Elektrotechnik

11/2007
Vordiplom mit der Note »gut«

04/2008 - 02/2011
Hauptstudium: Schwerpunkt Fertigung, mit den
Vertiefungsfächern: Fertigungstechnik, Fertigungsmittel,
Kosten- u. Investitionsrechnung, Industrial Engineering,
Materialfluss- u. Fabrikplanung, Operations Research

02/2009 - 07/2009
Praktisches Studiensemester bei der Bayer AG,
Abteilung Technikum, Berlin

11/2009 - 02/2011
Diplomarbeit bei Karl Meuser Anlagenbau GmbH, Berlin
Thema: Analyse und Projektierung einer Kunst-
stoffschmelzanlage unter besonderer Berücksichtigung
sparsamer Energieverwendung
Abschluss: Diplom-Ingenieur Elektrotechnik mit
der Note »gut«

Auslandserfahrung
07/1997 - 07/1998
Produktionsmitarbeiter bei Sainsbury in Leeds/England
(Verbrauchermarktkette, 15.000 Mitarbeiter)

08/1998 - 10/1998
privater Auslandsaufenthalt Sydney, Australien

11/1998 - 09/2003
Gruppenleiter der Produktionseinheit für britische Produkte
(Maschinenspezialbau) bei Sainsbury, Manchester/England

2. Variante (Forts.)

Datei Bearbeiten Ansicht Einfügen Format Extras Tabelle Fenster

An...

Betreff: Initiativ-Bewerbung als Dipl.-Ing. Elektrotechnik

Anlagenoptionen...

Berufsausbildung, praktische Tätigkeiten
08/1992 - 07/1995
Ausbildung zum Kraftfahrzeugmechaniker
08/1995 - 07/1996
Verschiedene Tätigkeiten als Produktionsmitarbeiter
02/2006 - 06/2009
Werkstudent bei der Bayer AG, Berlin

Schulausbildung
1982 - 1992
Grundschule und Hauptschule in Zeven
1992 - 1994
Ausbildungsbegleitender Besuch der Fachoberschule
Maschinen- und Elektrotechnik in Bremen
Abschluss: Fachhochschulreife mit der Note »sehr gut«

Sprachkenntnisse
Englisch fließend; Niederländisch gut in Wort und Schrift

EDV-Kenntnisse
MS Windows, WinWord, Excel, Adobe Illustrator, ABC Flow Charter,
Turbo Pascal, AutoCAD, MS-Projekt, CA-Super Project

Interessen
Fernöstliche Philosophie und Lean Management,
Skifahren, Musizieren (Trompete)

2. Variante (Forts.)

Datei Bearbeiten Ansicht Einfügen Format Extras Tabelle Fenster

An...

Betreff: Initiativ-Bewerbung als Dipl.-Ing. Elektrotechnik

Anlagenoptionen...

Zu meiner Motivation

Als Elektroingenieur habe ich ein breites, vielleicht nicht unbedingt typisches Interessenspektrum. Im Rahmen meines Studiums wählte ich bewusst sehr unterschiedliche Projekte, die hohe Anforderungen an meine Eigeninitiative und Flexibilität stellten. Dabei entwickelte ich die Fähigkeit, mich in kürzester Zeit in Projekte bzw. Prozesse hineinzudenken, um auf der Basis einer fundierten Analyse zielorientierte Konzepte zu entwickeln. Hier hat mir vor allem meine Kommunikations- und Begeisterungsfähigkeit sehr geholfen.

Bei meiner Arbeit geht es mir weniger um abstrakt-wissenschaftliche als vielmehr praktisch-anwendbare Konzepte und Lösungen vor dem Hintergrund einer Kosten-Nutzen-Relation. Unternehmerisches Denken und Handeln sind mir bestens vertraut.
Trotz großem Interesse an Teamarbeit bin ich auch gern selbstständig tätig, mit einem hohen Anspruch an Gewissenhaftigkeit und Präzision.
Last but not least: Ich halte mich für gut belastbar und in einem angemessenen Maße für durchsetzungsfähig.

Berlin, 01.04.2011

Peter Panlow, Dipl.-Ing.

Düsseldorfer Straße 11, 10719 Berlin,
Telefon: 030 / 881 29 40
E-Mail: peter.panlow@gmx.de

Zu den Unterlagen von Peter Panlow Der Kandidat hat sich bei seiner Internetbewerbung für eine Kombination aus Anschreibentext und Lebenslaufdaten entschieden. Bei der Bewerbung via E-Mail sind unbedingt einige Besonderheiten zu berücksichtigen, will man einen positiven Eindruck beim Empfänger bewirken.
Zunächst hier sehr auffällig: die kurze Zeilenlänge. Grund: Da Sie nicht wissen können, wie sich der von Ihnen als E-Mail versendete Text auf dem Bildschirm bzw. im Ausdruck des Empfängers darstellt und liest, ist eine kurze Zeilen-„Komposition" nur von Vorteil. Hierbei gilt es wie immer, den Gedanken, die Botschaft gut im und mit dem Zeilenfluss zu transportieren, um dadurch das Leseverständnis zu fördern. Eine Anzahl von max. 60 Anschlägen pro Zeile ist dabei Orientierungsgröße, um diesen Effekt sicher zu erzielen.
Das ist dem Bewerber in diesem Beispiel außerordentlich gut gelungen. Der Aufbau des **Anschreibentextes** ist kurz und bringt die Information bestens auf den Punkt. Die beiden Aufzählungen vermitteln auch dem schnellen Leser: Hier weiß einer, was er anzubieten hat und was er will. Mehr wäre fast schon gar nicht nötig, um auf Seiten des Auswählers einen Anruf beim Absender zu erwirken, der eine Art Vor-Vorstellungsgespräch darstellen könnte oder gleich die Einladung (kann natürlich auch per E-Mail geschehen) zum „richtigen" Vorstellungsgespräch beinhaltet. Aber unser Kandidat bietet noch mehr an. Denkbar wäre an dieser Stelle jetzt auch ein Attachment gewesen, das die **Lebenslauf**-Unterlagen beinhaltet. Diese sollen so gestaltet sein, wie man sie ausgedruckt normalerweise auf dem Postweg (klassisch) verschickt. Gegen diese Vorgehensweise per Datenanhang spricht, dass viele Empfänger bei einer ihnen unbekannten Bewerbungs-E-Mail Angst haben, diese (und Attachments im Besonderen) zu öffnen, aus Sorge vor versteckten Viren. Aus diesem Grund hat sich unser Kandidat für eine Kurzversion seines Lebenslaufes unter der Überschrift „Meine Daten" entschieden und diese sehr geschickt zusammengestellt. Da sich dieses Info-Angebot direkt an den ersten Text anschließt, kann man sicher davon ausgehen, dass es auch gelesen wird.

Wir stellen Ihnen hier zunächst die **erste Variante** (Seite 51) vor. Unter einer geschickt gewählten Überschrift („Meine Daten") präsentiert der Kandidat auf weniger als einer Seite (ausgedruckt) seine – durch Fettdruck schnell erkennbaren – Sozialdaten, Hochschulbildung, Auslandserfahrung, Berufsgrundausbildung sowie Sprachen- und EDV-Kenntnisse. Den Abschluss bilden sein Name und die vollständige Absenderanschrift.

Hier sind wirklich alle relevanten Daten gut übersichtlich zusammengestellt. Der gesamte Text ist linksbündig und Leerzeilen sowie die Fettdruck-Überschriften gliedern ihn einfach, aber effizient. Leider bleiben Persönlichkeitsträger wie Interessen, Hobbys oder soziales Engagement dabei unberücksichtigt. Dies ist aber nur der unbedingten Kürze geschuldet. Bei diesem Punkt kann jeder seine eigenen Prioritäten setzen und immer noch etwas hinzufügen.

Als Alternative zu dieser knappen aber präzisen Form betrachten wir die **zweite Variante**, die deutlich ausführlicher ist (jetzt sind es zwei Seiten im Ausdruck).

Der (**Anschreiben-**) Text bleibt gleich. Hier ausführlicher zu werden bringt nicht viel. Wir haben ja den besonderen Textblock („Zu meiner Motivation"), der – angelegt an die Dritte Seite – noch einige zusätzliche und vor allem sehr persönlich gefärbte Informationen gut transportiert.

Aufbau und Zeilengestaltung werden wie in der vorherigen Variante gehandhabt. Jetzt kommen lediglich einige **Lebenslauf-**, Ausbildungs- und Berufsstationen hin zu. Beurteilen Sie selbst, inwieweit der Mehrgewinn an Information Länge und Ausführlichkeit rechtfertigt.

Besondere Beachtung verdient sicherlich der ausführliche Textblock zur **Motivation**, der wirklich überzeugend formuliert ist. Wer kann da widerstehen und dem Kandidaten „die kalte Schulter zeigen"? Hier präsentiert sich jemand als praktisch veranlagt mit einer guten Portion Ambition, einem unternehmerischen Bewusstsein für Kosten-Nutzen-Relation, kurzum: zielorientiert. Das hat dann auch in der Realität nicht seine Wirkung verfehlt!

Der Lebenslauf

Die Themenblöcke eines Lebenslaufs, alle Abschnitte und Abfolgen in Übersicht, sind hier für Sie zusammengestellt (die Abfolge bestimmen Sie selbst):

Persönliche Daten

- Vor- und Zuname
- ggf. Berufsbezeichnung
- eventuell Ihr berufliches Ziel
- eventuell Ihre Ausgangssituation
- Geburtsdatum und -ort
- Anschrift, Telefon, ggf. Handy, E-Mail (besser auf der Deckblattseite, s. Seite 45)
- eventuell Religionszugehörigkeit (nur wichtig, wenn auf den Arbeitsplatz bezogen)
- eventuell Familienstand, ggf. Zahl und Alter der Kinder
- ggf. Name und Beruf des Ehepartners (muss nicht sein)
- Staatsangehörigkeit (bei Ausländern oder Namen, die diese Erklärung sinnvoll erscheinen lassen)

Berufstätigkeit

- Arbeitgeber (Orte und Zeitangaben)
- Positionen, eventuell Kurzbeschreibung
- ggf. Verantwortung, Ergebnisse, Ziele
- Abschluss/Berufsbezeichnungen
- Art der Berufsausbildung
- Ausbildungsfirma/-institution (mit Ortsangabe)

Berufliche Weiterbildung

- Alles, was mit der Berufspraxis in Zusammenhang steht.

Außerberufliche Weiterbildung

- Kurse
- Vorsicht bei der Auswahl: Fremdsprachen ja, Fallschirmspringen und psychologische (Selbstfindungs-)Kurse nein.

- ggf. Hochschulstudium
- Fach/Fächer
- Universität und Abschlüsse
- ggf. Schwerpunkte
- ggf. Thema der Examensarbeit/Promotion (wenn nicht länger als 5–10 Jahre zurück)

Schulausbildung

- Schulabschluss (Zeitangabe in Jahren)
- besuchte Schulen (Typen angeben, wenn der Schulbesuch nicht länger als fünf Jahre her ist)

Besondere Kenntnisse

- Fremdsprachen, EDV, Führerschein, andere Scheine und Qualifikationen
- Hobbys/Interessen, ehrenamtliches oder soziales Engagement, Sport, Politik

Überlegen Sie stets, welches Bild Sie dabei von sich entwerfen und ob diese Tätigkeiten auch zu Ihrer Bewerbung um diesen Arbeitsplatz passen.

Sonderinformationen

- z. B. über Auslandsaufenthalte, Praktika
- Hier könnten Sie auch eine zusätzliche Erklärung unterbringen, warum Sie diesen Arbeitsplatz wünschen.

Foto

- Ein professionelles Foto z. B. oben rechts auf den Lebenslauf kleben oder besser auf eine Deckblattseite (s. Seite 42). Das Foto nicht klammern oder heften.

Was ist erlaubt? Es besteht kein Zwang, die Abfolge der Lebenslaufabschnitte in einer bestimmten Reihenfolge zu gestalten. Wenn Sie die persönlichen Daten bereits an anderer Stelle in aller Ausführlichkeit abgehandelt haben (z. B. auf dem Deckblatt oder einer Einleitungsseite), können Sie durchaus mit der aktuellen Berufstä-

tigkeit beginnen, gefolgt von der beruflichen Weiterbildung und besonderen Kenntnissen. Die Schulausbildung und sonstige erwähnenswerte Interessen (Hobbys, Engagement) bilden dann den Abschluss.
Der Leser muss schnell einen guten Überblick über die von Ihnen als wichtig erachteten Informationen bekommen. Solange Sie das beachten, haben Sie völlige Freiheit in der Gestaltung der Reihenfolge. Als Grundregel gilt jedoch immer: Seien Sie sich darüber im Klaren, welche Botschaft Sie durch die von Ihnen gewählte Informationsabfolge vermitteln wollen, und versuchen Sie einzuschätzen, wie erfolgreich Sie damit bei Ihrem Empfänger sein könnten.

Persönliche Daten Neben den bereits aufgezählten Stichpunkten können Sie bisweilen schon an dieser Stelle auf besondere Erfolge, Interessen oder Hobbys hinweisen. Das ist gerechtfertigt, wenn diese etwas zum gesamten Persönlichkeitsbild beitragen können. Das Gleiche gilt für Mitgliedschaften in Parteien, Gewerkschaften oder anderen Einrichtungen und Institutionen.
Bei der Ausgangssituation vermeiden Sie bitte die Formulierung „Arbeit suchend“; Namen und Berufe der Eltern oder Geschwister sollten bei gestandenen Bewerbern (ab etwa 18 Jahren) auf keinen Fall angeführt werden; sind Ihre Kinder noch in einem recht betreuungsintensiven Alter (unter 6), lassen Sie die Altersangaben lieber weg.
Nach der Namensangabe (direkt gefolgt von der Berufsbezeichnung bzw. dem Bewerbungsziel) kann die Abfolge modifiziert werden. Alle diese persönlichen Daten haben gegebenenfalls auch Platz auf dem Deckblatt oder der ersten Seite (s. Seite 43) und können da wie dort durch das Foto sinnvoll flankiert werden. Sollten Sie sich entschließen, den Schwerpunkt dieser Daten an anderer Stelle abzuhandeln, reicht die Angabe von Name, Berufsbezeichnung und Geburtsdatum (oder eine Altersangabe), um zur nächsten Rubrik überzugehen.

Schulausbildung An welcher Stelle Sie auch immer über Ihre Schulbildung Auskunft geben, die ausführliche Nennung von beispielsweise zwei Grundschulen (wegen eines Umzugs der Eltern) ist absolut überflüssig. An dieser Stelle können Sie getrost sparsam mit Informationen umgehen, wenngleich die Angabe des Wechsels von der Realschule auf das Aufbaugymnasium, der Besuch des Abendgymnasiums oder die Nennung der gymnasialen Fachrichtung (z. B. humanistisch, naturwissenschaftlich) natürlich eine gewisse Bedeutung hat.
Glatte Jahreszahlen reichen aus, und wann genau Sie das Abitur mit welcher Durchschnittsnote absolviert haben oder die Realschule verließen, spielt vermutlich keine Rolle mehr (wenn Sie über 25 Jahre alt sind). Zweiter Bildungsweg und Abendgymnasium sind natürlich Kennzeichen Ihrer besonderen Leistungs- und Lernmotivation und sollten deshalb erwähnt werden.
Generell gilt: Je länger Ihre Schulzeit zurückliegt, desto kürzer fassen Sie sich. Falls Ihre Schulzeit aufgrund einiger „Ehrenrunden" etwas länger gedauert hat: Bloß keine Erklärungen! Es sei denn, Sie sind 18 Jahre alt und Ausbildungsplatzsuchender.

Wehr- beziehungsweise Zivildienst, Freiwilliges Soziales Jahr Diese Zeitspanne können Sie nicht unter den Tisch fallen lassen. Und ob Sie bei der Marine als Funker tätig waren oder in einem Kinderheim für Schwerstbehinderte Ihren Zivildienst absolviert haben, stellt auch eine gewisse Information dar. Diese wird je nach Arbeitgeber anders interpretiert und kann von Ihnen dazu benutzt werden, um bestimmte Erfahrungen oder Entwicklungen (Stichwort: Emotionale Intelligenz) glaubhaft zu vermitteln. Frauen und Männer, die sich für ein Freiwilliges Soziales Jahr entschieden haben, können die Angabe dieser Zeitspanne entsprechend für ihr Bewerbungsvorhaben nutzen.
Zur Zeitangabe: gegebenenfalls Monat und Jahr; wenn länger zurückliegend, reicht die Jahresangabe.

Berufs- beziehungsweise Hochschulausbildung Bei Fach- und Hochschulabsolventen sind die Fachhochschule beziehungsweise Universität mit Ortsangabe, die Studienfächer (gegebenenfalls Haupt- und Nebenfächer) und die Abschlüsse differenzierter darzustellen, eventuell ergänzt durch den Hinweis auf Studienschwerpunkte, bekannte Professoren und nicht selten dem Thema der Abschlussarbeit, ggf. der Dissertation. Die Noten für diese Arbeiten können ebenso aufgeführt werden wie die Gesamtabschlussnote.
Liegt kein Hochschulabschluss vor, nennen Sie lediglich alle relevanten Daten bis auf den fehlenden Abschluss. Irgendwelche Ehrenerklärungen brauchen Sie auch hier nicht abzugeben. Der eilige Leser wird den fehlenden Abschluss vielleicht gar nicht bemerken.
Bei der Berufsausbildung reicht die Angabe zum Ausbildungsfach und -betrieb mit entsprechender Zeitangabe. Das Nennen der Abschlussnote ist eher unüblich. Als Zeitangabe geben Sie Monat und Jahr an; wenn die Ausbildung länger zurückliegt, reicht die Jahresangabe.

Berufstätigkeit Diese Rubrik ist von zentraler Bedeutung für das Bild, das sich der Leser Ihrer Bewerbungsunterlagen von Ihnen und Ihrer beruflichen Kompetenz macht. Zeigen Sie an dieser Stelle, womit Sie glänzen können. Wenn ein gestandener Berufsvertreter, der beispielsweise fünf Jahre lang eine Maschinenfabrik erfolgreich als Geschäftsführer geleitet hat, in seinem Lebenslauf mit den einfachsten Diensten beginnt (vom 01.01.1980 bis 31.12.1983: Feinblechner bei der Firma XY), vertut er eine Chance, den potenziellen Arbeitgeber zu beeindrucken.
Bei der Chronologie der Tätigkeiten hat es sich als besonders vorteilhaft erwiesen, die amerikanische Vorgehensweise zu übernehmen: Sie startet mit der aktuell ausgeübten Tätigkeit und Position und geht erst dann weiter in die Vergangenheit zurück.
Die aufgeführten Arbeitgeber können unterschiedlich ausführlich beschrieben werden, ebenso wie die Skizzierung der ausgeübten Position, inklusive der besonderen Aufgabenstellung und Verant-

wortlichkeit und der von Ihnen erzielten Erfolge. Die aktuelleren Daten sind wichtiger und erfordern mehr Informationen als die zeitlich deutlich zurückliegenden. Orts- und Zeitangaben zumindest für die letzten fünf bis zehn Jahre verstehen sich von selbst. Sie können auch unter dieser Rubrik die Berufsausbildung aufführen. Liegt diese noch nicht sehr lange zurück, kann man hier auf besondere Schwerpunkte verweisen, wenn es zur angestrebten neuen Position und Aufgabe irgendwie passt. Unsere Beispiele (ab Seite 72) vermitteln den Gestaltungsspielraum, der Ihnen zur Verfügung steht.

Berufliche beziehungsweise außerberufliche Weiterbildung
Alle beruflichen und ergänzenden Maßnahmen, die Ihre Kenntnisse und Fähigkeiten unter beruflichem Aspekt vorangebracht haben, sollten hier genannt werden. Von klassischen Weiterbildungsmaßnahmen des Arbeitgebers bis hin zu privat initiierten Fortbildungsaktivitäten wie zum Beispiel das Erlernen der japanischen Sprache ist alles erlaubt, wenn es gefällt und passt. Manche Kandidaten führen an dieser Stelle (mangels Masse?!) auch die Besuche von Fachtagungen und Messen auf. Hier sind Orts- und Zeitangaben nicht bis ins letzte Detail notwendig. Die einfache Jahreszahl ist häufig ausreichend.

Besondere Kenntnisse Diese Rubrik ist nicht zwingend notwendig, bietet aber Möglichkeiten, auf bestimmte, für die aktuelle Bewerbung relevante Qualifikationen aufmerksam zu machen. Sprach- oder EDV-Kenntnisse, spezielle Zertifikate, vom Führerschein bis zur Ausbilderlizenz, haben hier – wie immer nach sorgfältiger Abwägung – ihren Platz.

Engagement/Hobbys/Interessen/Sonstiges Diese Rubrik ist alles andere als überflüssig! Mit den dort gemachten Angaben können Sie Sympathie gewinnen und wichtige Anknüpfungspunkte für das Vorstellungsgespräch schaffen.
Achten Sie dabei auf die Auswahl und überlegen Sie, ob das Hobby zu Ihrem Alter und der von Ihnen angestrebten Branche und Posi-

tion passt. Semiprofessionelles Internet-Webdesign wird anders aufgenommen werden als leidenschaftliches (und gefährlicheres) Drachenfliegen. Wenn es Ihnen durch die Auswahl Ihrer Hobbys gelingt, Ihr Gegenüber zum „Mitschwingen“ zu bringen, kann das Tür und Tor öffnen. Auch der eine oder andere Auslandsaufenthalt kann an dieser Stelle vermerkt und vermarktet werden. Aktives Musizieren, besondere Sportarten, begeistertes Kochen, Spezialreisen oder Reptilienzucht sind thematische Anknüpfungspunkte, die nicht ohne Wirkung bleiben. Aus unserer täglichen Beratungspraxis wissen wir um die damit erzielbaren positiven Effekte.

Ort, Datum, Unterschrift Sie können den Lebenslauf unterschreiben, alternativ aber auch auf der „Dritten Seite“ (s. Seite 80). In der Regel jedoch empfiehlt es sich hier, weil der Empfänger es an dieser Stelle erwartet. Außerdem wird durch das Datum die Aktualität des „Dokuments“ betont. Es steht Ihnen übrigens weitgehend frei, ob Sie Ort und Datum hand- oder lieber computer- beziehungsweise maschinenschriftlich gestalten wollen.
Auch zu der Art und Weise, wie Sie unterschreiben, gibt es etwas zu sagen: Manche Kandidaten unterschreiben extrem unleserlich und riesengroß oder im Gegenteil viel zu klein oder gar in Druckbuchstaben. Das sollten Sie vermeiden. Nicht selten wird Ihre Unterschrift von der Auswahlkommission analysiert und dabei natürlich auch bewertet. Bemühen Sie sich also um eine relativ „normale“, halbwegs gut leserliche Unterschrift.
Nur für Ihre papierenen Unterlagen: Benutzen Sie einen hochwertigen Stift, zum Beispiel einen Füller (nicht: Kugelschreiber, Filzschreiber, Bleistift). Ob Sie in königsblauer Tinte oder in einer anderen Farbe „auftreten“, kann diskutiert werden, aber die Fälle, in denen rote oder lila Tinte passt, sind doch eher selten.
Sie können (hoffentlich!) und sollten dies auch: Ihre Unterschrift einscannen. Das gibt Ihrer E-Bewerbung die nötige Professionalität.

Checkliste für Ihren Lebenslauf

- ☐ Der Leitfaden wird durch die Keywords bestimmt: Kompetenz, Leistungsmotivation, Persönlichkeit
- ☐ Konzentrieren Sie sich auf Leistungen (Ergebnisse), Fähigkeiten und Persönlichkeitsmerkmale, die Sie vorweisen und belegen können.
- ☐ Schreiben bzw. sagen Sie möglichst nichts, was Sie nicht auch ggf. (mündlich) beweisen könnten.
- ☐ Je weiter Sie in der Zeit zurückgehen, desto weniger Einzelheiten sollten Sie nennen. Zeigen Sie dem Arbeitgeber Ihre jüngsten Erfolge, die sich unmittelbar auf die aktuellen Anforderungen des Arbeitsmarkts beziehen. Wenn Sie vor zehn Jahren ein EDV-Experte waren, interessiert das heute niemanden mehr.
- ☐ Ihr Lebenslauf muss leicht zu lesen sein. Achten Sie deshalb auf richtige Abstände und Ränder und vermeiden Sie „Überfüllung".
- ☐ Gebrauchen Sie Abkürzungen nur, wenn Sie eindeutig sind. Seien Sie klar und präzise.
- ☐ Belegen Sie Erfolge nach Möglichkeit mit Zahlen.
- ☐ Orientieren Sie sich an unseren Beispielen, aber entwickeln Sie auch eigene Ideen.
- ☐ Vermeiden Sie Übertreibungen und nichtssagende Ausdrücke.
- ☐ Es reicht bei Studien- und Beschäftigungsdauer in der Regel die Jahresangabe. Wenn Sie während Ihrer Tätigkeit für einen Arbeitgeber befördert wurden, können Sie den entsprechenden Monat in Klammern hinter die einzelnen Berufs- bzw. Kompetenzbezeichnungen setzen.
- ☐ Liefern Sie nur so viele Informationen, die nötig sind, um das Interesse des Lesers zu wecken; zu viele Details können Ihnen schaden.

- ☐ Den Arbeitgeber interessiert, ob Sie über die Kenntnisse verfügen, die er braucht. Wenn aus Ihrem Lebenslauf nicht deutlich die entsprechende Kompetenz hervorgeht, wird es keine Einladung zum Vorstellungsgespräch geben.
- ☐ Testen Sie Ihren Lebenslauf, bevor Sie ihn losschicken. Bitten Sie Freunde um ihre Eindrücke, nutzen Sie Ihr Beziehungsnetzwerk. Achten Sie darauf, wie Ihr Lebenslauf ankommt. Vermittelt er eine überzeugende Botschaft? Tritt Ihre Aussage deutlich genug hervor? Ist Ihr Lebenslauf interessant? Hat er die Kraft, neugierig zu machen?
- ☐ Ihr Lebenslauf ist wie ein Foto von Ihnen. Sie müssen sich mit ihm als „Werbemittel" wohlfühlen. Wenn er Sie nicht von Ihrer besten Seite zeigt, überarbeiten Sie ihn so lange, bis dieses Ziel erreicht ist.
- ☐ Mit jedem (faulen) Kompromiss verschwenden Sie Zeit und Geld. Geben Sie sich daher bei der Erstellung Ihrer Unterlagen stets allergrößte Mühe!

Das Foto

Ihr Foto ist eine der wichtigsten Komponenten in Ihren Bewerbungsunterlagen. Wer damit schon zu Beginn des Auswahlverfahrens Sympathie mobilisieren kann, hat einfach die besseren Chancen. Deswegen sind höchste Sorgfalt, ein gewisses Engagement und ein besonderes Einfühlungsvermögen für die eigene Persönlichkeit und die Erwartungen Ihres Gegenübers nötig.

Der Personalchef wird als Erstes einen Blick auf Ihr Foto werfen und sich in Sekundenschnelle ein Urteil bilden: Was für einen Eindruck macht dieser Mensch? Wirkt er/sie sympathisch oder unsympathisch? Mürrisch oder freundlich? Zugewandt oder verschlossen? Und hat der Bewerber ein professionelles, gut gemachtes Foto eingeschickt, das auch ein Bild von seinem Selbstwertgefühl und der Ernsthaftigkeit seines Anliegens vermittelt? Mit diesem Eindruck beginnt der Empfänger, Ihre Bewerbung durchzublättern.

Bildproduktion Gehen Sie zu einem professionellen Fotografen, alles andere (Privatfotos, Automatenbilder) ist in der Regel indiskutabel. Besprechen Sie mit ihm, wofür Sie die Fotos brauchen und wie Sie „rüberkommen“ wollen. Das ist eine Investition, die sich lohnt. Lassen Sie eine größere Auswahl an Fotos anfertigen und legen Sie diese dann (wohlmeinenden) Freunden zur Beurteilung vor, um gemeinsam das Beste auszuwählen. Für Ihre E-Bewerbung verwenden Sie natürlich digitale Fotos, gute Scans eines Auszugs sind aber auch möglich.

Format Ein winziges (oder auch nur recht kleines) Foto legt die Deutung nahe, dass Sie sich nicht wichtig genug nehmen. Umgekehrt spricht ein Postkartenporträt Bände über Ihre Eitelkeit. Ein guter Mittelweg: etwa 6 x 4,5 cm. Testen Sie auch einmal ein ungewöhnliches Querformat. Unsere Beispiele (Seite 67) zeigen interessante Formate und attraktive Bildausschnitte. Der Kopf, das Gesicht, darf ruhig ein wenig angeschnitten sein, weil es so viel spannender (dynamischer) wirkt.
Probieren Sie ruhig verschiedene Varianten aus, verhandeln Sie mit Ihrem Fotografen und befragen Sie Ihre persönlichen Berater.

1) Fast quadratisch, Kopf deutlich angeschnitten, sehr sympathisches Lächeln.

2) Ein interessantes breites Format, der Kopf auch hier angeschnitten. Dynamischer Bildaufbau. Der offene Blick und das gewinnende Lächeln erwecken Vertrauen.

3) Der Blick über die Schulter ist eine außergewöhnliche Pose bei klassischem Format; der Anschnitt und der offene Gesichtsausdruck bilden eine gelungene Kombination, wenn auch nicht für jeden Job geeignet.

4) Ein ungewöhnliches Format, ein deutlich erkennbarer Hintergrund. Zusätzlich ein Requisit in der Hand. Alles außergewöhnlich, aber für Positionen, z. B. in der Medienbranche, durchaus geeignet.

5) Derselbe Kandidat, in anderer Pose. Auch so kann man sich präsentieren. Sicherlich etwas gewagt, aber ohne Risiko kein Aufmerksamkeitsgewinn. Nur Mut!

6) Ein deutlich heller Hintergrund signalisiert Offenheit. Kopf leicht angeschnitten, freundliches Gesicht. Schaut den Betrachter sehr direkt an!

Farbe Wir empfehlen ein Schwarzweißfoto, da es Sie sowohl zurückhaltender als auch interessanter erscheinen lässt und dem Betrachter mehr Interpretationsmöglichkeiten bei der Beurteilung Ihres Gesichts gibt. Falls Sie dennoch ein Farbfoto vorziehen, wählen Sie dezente Kleidung und – für die Damen – sparsames Make-up.

Kleidung Von einem leger-offenen Hemdkragen ist ebenso abzuraten wie von einem tiefen Einblick in weibliche Reize. Wählen Sie die Kleidung, die dem von Ihnen angestrebten Berufsstand angemessen ist. Die Haare sollten gepflegt sein und auf keinen Fall die Augen verdecken – Sie haben doch nichts zu verbergen!
Wir empfehlen: Suchen Sie sich für den Fototermin einen Tag aus, an dem es Ihnen gut geht. Lächeln Sie ein wenig, machen Sie ein freundliches Gesicht. Denken Sie an eine große Liebe oder an Ihren schönsten Urlaub ...

Posen Statt der ganz typischen „Kopf und Kragen“-Fotos (wie beim Passfoto) bietet sich die Möglichkeit an, Arme, Hände und Oberkörper mit aufs Bild zu bringen, sich zum Beispiel auch in einer Arbeits- oder Gesprächssituation ablichten zu lassen. Wenn Sie Anregungen suchen, schauen Sie doch einmal in (berufstechnisch gesprochen) *Ihre* entsprechenden Medien wie beispielsweise *Managermagazin* oder *Zeit, Neue Theologie* oder *Werben & Verkaufen*, ... Und auch das gibt Orientierung: Studieren Sie PR-Unterlagen von Unternehmen aus Ihrer Branche.

Das Foto und das AGG Im August 2006 ist das AGG (Allgemeines Gleichbehandlungsgesetz) in Kraft getreten. Bei dieser Initiative handelt es sich um eine ursprünglich sehr gute Idee, welche bestimmte Diskriminierungen ausschließen sollte. Was die aktuelle Bewerbungspraxis betrifft, sorgt es jedoch leider für mehr Kompliziertheit und Verunsicherung bis zu Rechtskämpfen. Fakt ist: Von der Jobanbieterseite her dürfen keine Fotos mehr verlangt werden. Diese Anforderung darf in keiner Stellenausschreibung auftauchen. Es steht aber natürlich jedem Bewerber frei, von sich aus ein Foto seiner Bewerbung beizufügen. Also, nutzen Sie diese zusätzliche Möglichkeit! Ganz ehrlich: Ihr Gegenüber erwartet es!

Die Anlagen

Das Wort „Anlagen“ suggeriert, es könnte sich um eine Art nebensächliches Anhängsel handeln. Doch Sie sollten die Bedeutung dieser Papiere nicht unterschätzen. Zu den Anlagen gehören Fotokopien von Ausbildungsabschlüssen, Fortbildungszertifikaten und die Arbeitszeugnisse. Selbst wenn Sie nur drei Papiere dieser Art beizulegen haben, ist ein Anlagenverzeichnis als Übersicht schon sinnvoll. Da es aber häufig um zehn bis zwanzig unterschiedliche Dokumente geht, ist es umso lesefreundlicher, wenn Sie einen Überblick in Form eines Anlagenverzeichnisses geben. Mehr dazu ab Seite 83.

Arbeitszeugnisse Sie gehören zu den wichtigsten Anlagen und sollten daher an erster Stelle stehen. Relevant sind die beiden letzten Zeugnisse beziehungsweise diejenigen, welche die letzten zehn Jahre dokumentieren. Nun hat es sich herumgesprochen, dass Arbeitszeugnisse die Leistung des Arbeitnehmers in einer Art Geheimsprache zu beurteilen versuchen. Jedoch nicht jeder Chef (z. B. in einem kleinen Unternehmen) kennt die entsprechenden Formulierungen dieser Geheimsprache und so kann er Zeugnistexte auch nicht immer richtig interpretieren. Natürlich weiß dieser unbedarfte Chef, wenn er selbst ein Zeugnis ausstellen muss, nicht, was er (ungewollt) möglicherweise damit dem nächsten Arbeitgeber über den Bewerber mitteilt. Wenn Sie sich nicht sicher sind, was „wirklich“ in Ihrem Zeugnis steht, wenden Sie sich an entsprechende Experten.

Schul- und Ausbildungszeugnisse Seien Sie zurückhaltend mit Schulabschlusszeugnissen oder Zeugnissen der berufsorientierten Basisausbildung (Lehre), es sei denn, Sie sind noch sehr jung und haben deshalb nicht viel anderes vorzuweisen. Es wirkt eher lächerlich, wenn ein 50-jähriger Kandidat den Bewerbungsunterlagen sein Abiturzeugnis beilegt. Diplom- oder andere Abschlusszeugnisse könnten, wenn sie nicht gerade älter als 10, 15 Jahre sind, eventuell schon sinnvoll sein. Generell gilt: Immer den höchsten Ausbildungsabschluss in die Anlage, also bei Studium kein Abizeugnis, bei Abitur keins der Mittleren Reife und so weiter.

Andere Anlagen Zertifikate von privaten Einrichtungen oder Kursen sind nur dann sinnvoll, wenn Sie inhaltlich etwas mit der entsprechenden Bewerbung zu tun haben. Zertifikate über Volkshochschulkurse können Sie beifügen, wenn diese speziell Ihrer beruflichen Weiterbildung gedient haben.

Neben jeder Art von Zeugnis können Sie beispielsweise Referenzadressen (s. Seite 84), eigene Erklärungen (s. Seite 82), eine Auflistung, welche weiteren Papiere Sie noch vorlegen könnten, Arbeitsproben oder Zusammenfassungen von Projekten zu den Anlagen hinzufügen.

Kommentiertes Beispiel

Auf den folgenden Seiten stellen wir Ihnen die gelungene E-Mail-Bewerbung eines Medienprofis vor.

Datei Bearbeiten Ansicht Einfügen Format Extras Tabelle Fenster

An... Burda Verlag, Hans Tiedjens

Betreff: Vakanz Geschäftsführungsposition

Anlagenoptionen...

Sehr geehrter Herr Tiedjens,

als erfahrener Medien- und Zeitungsredaktionsleiter mit vielseitigem Erfahrungshintergrund möchte ich mich Ihnen vorstellen: In den letzten Jahren verantwortete ich die inhaltliche und organisatorische Neuausrichtung einer Tageszeitung im süddeutschen Raum (Auflage über 200.000 mit 22 Lokalausgaben und einer Personalverantwortung von bis zu 50 festangestellten Redakteuren). Dieser Umgestaltungsprozess ist so gut wie abgeschlossen. Erfolgreich!
Neben meiner journalistischen Ausbildung verfüge ich über ein abgeschlossenes Psychologiestudium. Aktuell leite ich zwei Regionalredaktionen mit sieben Lokalredaktionen.
Meine Hauptaufgaben dabei:

- Einführung und Arbeit an den beiden regionalen Newsdesks; die Tageszeitung, Anzeigenblatt, Online-Auftritt, Radio und Regionalfernsehen bedienen
- Etatplanung und -verwaltung; Controlling
- Blattentwicklung, Blattkonzeption und Qualitätssicherung
- Aktionsplanung in Abstimmung mit Anzeigen, Marketing und Vertrieb

Kurz zu meiner Person:

- geboren in Pühl am 10.9.1960
- verheiratet mit Ehefrau Martina (Klinische Psychologin)

Gerne stehe ich Ihnen für ein Vorabtelefonat (0751 1337080) zur Verfügung und schicke Ihnen auf Wunsch meine schriftlichen Bewerbungsunterlagen inkl. Zeugnisse.

Mit besten Grüßen
Ludwig Mühler

Kurzmail

Datei Bearbeiten Ansicht Einfügen Format Extras Tabelle Fenster

An... Burda Verlag, Hans Tiedjens

Betreff: Vakanz Geschäftsführungsposition

Anlagenoptionen...

Sehr geehrter Herr Tiedjens,

als erfahrener Medien- und Zeitungsredaktionsleiter verantworte ich die inhaltliche und organisatorische Neuausrichtung einer Tageszeitung im süddeutschen Raum (Auflage über 200.000 mit 22 Lokalausgaben und einer Personalverantwortung von bis zu 50 festangestellten Redakteuren). Aktuell leite ich zwei Regionalredaktionen mit sieben Lokalredaktionen.
Mehr über mich in der beigefügten Datei.

Mit besten Grüßen
Ludwig Mühler

Lebenslauf Ludwig Mühler Alpenstraße 15 88194 Ravensburg

- geboren in Pühl am 10.09.1960
- verheiratet mit Ehefrau Martina (Klinische Psychologin)
- eine Tochter (10 Jahre)

Berufsstationen

Oktober 2008 bis heute	Projektleiter im Medienhaus SCHWABEN VERLAGS AG „Zeitung mit Zukunft: die inhaltliche und organisatorische Neuausrichtung der SCHWABEN-ZEITUNG“: • neue Blattkonzepte für alle 22 Ausgaben • Einführung von sechs regionalen und einem Mantelnewsdesk • Schulungen und Trainings • journalistische Qualitätssicherung „Neuaufstellung der vier Ausgaben der SZ im Landkreis Sensenburg“ • verbessertes Niveau in der Marktbearbeitung von Redaktion, Vertrieb /Anzeigen • nachhaltige Auflagensteigerung u. Steigerung der Erlöse in und um Sensenburg
Januar 2001 bis heute	Regionalchef der SCHWABEN-ZEITUNG (185.000 Ex. Gesamtauflage) in den Landkreisen Esslingen und Maringen • Produktverantwortung für zwei Regionalteile und sechs Lokalausgaben • Personal- und Budgetverantwortung für zwei Regionalredaktionen und bis zu 50 Redakteure und feste Redaktionsmitarbeiter • Konzeption und Einführung des Regionalauftritts mit regionalen Nachrichten-, Wirtschafts- und Serviceseiten
Januar 1996 Dezember 2000	Leiter der Lokalredaktion Alde / Memminger Tageszeitung DIE STIMME (100.000 Ex. Gesamtauflage) • Blattplanung • Personaleinsatz • Leser-Blatt-Aktionen • Konzeption des Internet-Auftritts
März 1995 Dezember 1995	Redakteur in der Lokalredaktion Alde / Memminger Tageszeitung DIE STIMME • Schwerpunktthemen Stadtplanung, Gesundheitswesen • Ausbildung freier Mitarbeiter • Computerseite für DIE STIMME
April 1988 März 1995	Redakteur bei der kirchlichen Monatszeitung DIE BIBELPOST in Bad Kreisstatt • Reportagen aus dem Ausland (Philippinen, Südamerika) • Kirchenpolitik

Lebenslauf Ludwig Mühler Tel. 0751 124890 Fax 0751 124910 Mobil 0176 1337080
E-Mail l.muehler@gmx.net

Lebenslauf Ludwig Mühler Alpenstraße 15 88194 Ravensburg

Psychologiestudium in Bremen, Reims und Münster

September 1986 März 1988	Universität Bremen Abschluss als Diplom-Psychologe
September 1985 August 1986	Institut Psychologique, Reims
April 1983 August 1985	Klinische Psychotherapie in Münster

Wehrdienst

Januar 1982 März 1983	Im Stab einer Artillerie-Einheit

Schulausbildung

August 1972 Juni 1981	Grundschule, Schiller-Gymnasium in Münster, Abitur

Sprachen

- Französisch: fließend
- Englisch: fließend
- Spanisch: stabile Grundkenntnisse

Engagement und Hobbys

- ehrenamtliche Presse- und Telefonarbeit für die Kölner Telefonseelsoge
- Segeln

Dingen, 7. November 2011

Ludwig Mühler

Lebenslauf Ludwig Mühler Tel. 0751124890 Fax 0751124910 Mobil 01761337080
E-Mail l.muehler@gmx.net

Leistungsprofil

Führung von zwei Regionalredaktionen mit sieben Lokalredaktionen
- Einführung und Arbeit an den beiden regionalen Newsdesks, die Tageszeitung, Anzeigenblatt, Online-Auftritt, Radio und Regionalfernsehen bedienen
- Personalplanung und -einsatz für 50 Redakteure und feste Redaktionsmitarbeiter
- Etatplanung und -verwaltung, Controlling
- Blattentwicklung, Blattkonzeption und Qualitätssicherung
- Aktionsplanung in Abstimmung mit Anzeigen, Marketing und Vertrieb
- Repräsentation der Redaktion nach außen
- Führung und Ausbildung der freien Mitarbeiter

Blattentwicklung und Projektmanagement
- Leitung des Projekts „Zeitung mit Zukunft" für die Gesamtredaktion der Schwäbischen Zeitung als Beauftragter des Herausgebers und Chefredakteurs
- neue Konzeption für die Schwaben-Zeitung, die sich seit 2003 deutlicher als bisher regional positioniert
- Entwicklung neuer lokaler Blattkonzepte für über 20 Lokalausgaben
- Qualitätssicherung der Blattkonzepte
- Konzeption und Einführung von sechs regionalen Newsdesks und dem Zentral-Newsdesk in der Hahnkircher Zentralredaktion
- Entwicklung von Schulungen und Trainings für alle Redakteure und freien Mitarbeiter zur Einführung journalistisch ethischer Standards

Ausbildung der Volontäre
- Begleitung der Volontäre in regelmäßigen Gesprächen, Beurteilung
- Planung der internen und externen Ausbildungsstationen

Journalistische Tätigkeiten
- eigenständige Berichterstattung in allen journalistischen Darstellungsformen für Zeitungen, Zeitschriften, Agenturen und Pressestellen
- Redaktion fremder Texte
- Auswahl von Fotos, eigene Bildberichterstattung
- Layout kompletter Seiten von A bis Z im elektronischen Ganzseitenumbruch
- inhaltliche und grafische Gestaltung von Themenseiten der Wochenendbeilagen
- Redaktion der Computerseite der Stimme

Leser-Blatt-Bindung
- Aktionen für die Leser-Blatt-Bindung (z. B. Diskussionsveranstaltungen „Ihre Lokalzeitung vor Ort", „Zeitung in der Schule")
- Begleitung von Leserreisen mit bis zu 300 Teilnehmern

Zeitungstechnik und EDV
- Planung und Einsatz moderner Redaktionssysteme (Linopress, QuarkXPress)
- Zeitungsproduktion (fünf Lokalausgaben, teilweise in 4C)
- digitale Fotografie

Weiterbildung
- Seminare „Service im Lokaljournalismus", „Platz 1 für den Lokalteil"
- Projektmanagement, Mitarbeitergespräch, Gerichtsberichterstattung

Leistungsprofil Ludwig Mühler Tel. 0751 124890 Fax 0751 124910 Mobil 0176 1337080
E-Mail l.muehler@gmx.net

Zu den Unterlagen von Ludwig Mühler Ludwig Mühler, ein „Medien- und Verlagsmensch", bewirbt sich mit einer **E-Mail-Bewerbung**. Auf der ersten Seite sehen Sie zwei Varianten eines Anschreibens direkt in der Maske des E-Mail-Programms. Sie zeigen unterschiedliche Möglichkeiten der Präsentation.

Die erste Mail enthält das **Anschreiben**, das normalerweise der Bewerbungsmappe obenauf liegt. Lebenslauf und Leistungsprofil sind als PDF-Dateien angehängt.

Eine Alternative (vgl. die E-Mail-Maske unten) wäre, das ausführliche Anschreiben wie einen Brief gestaltet als PDF anzuhängen. Dann dient die Kurz-Mail eigentlich nur dazu, die beigefügten Anlagen zu moderieren. Hier erwartet der Empfänger maximal drei Anlagen: Anschreiben, Werdegang und extra zusammengestellt die Arbeitszeugnisse. (Auf die Darstellung des gestalteten Anschreibens haben wir hier allerdings verzichtet.)

Nun zu den Anhängen, die wir Ihnen als „Ausdruck" zeigen: Angenehm ist die durchgängige grafische Gestaltung der Papiere. Hier erfahren wir in der Fußzeile (sie enthält alle wichtigen Kontaktdaten) auch immer auf allen drei Seiten, wo der Leser sich befindet (Lebenslauf, Leistungsprofil).

Im **Lebenslauf** präsentiert der Bewerber nach seinen Sozialdaten (die neben Ehefrau auch die Tochter beinhalten, was eher außergewöhnlich ist) als Erstes seine Berufsstationen. Diese sind beeindruckend. Sehr geschickt, wie hier die wichtigsten Verantwortungsbereiche bei jeder Station auf den Punkt gebracht sind. Schon das gibt einen guten Einblick in Mühlers Arbeitswelt und Aufgabenvielfalt. Die zweite Seite ist dann der Ausbildung und den anderen üblichen Rubriken vorbehalten.

Jetzt folgt aber noch eine **Dritte Seite**, übertitelt mit Leistungsprofil. Das macht sofort neugierig. Auch wenn diese Seite etwas voll wirkt, wird der Empfänger sich nicht entziehen können und das angebotene Material studieren. Genau dafür wurde diese Seite geschaffen. In sieben Punkten präsentiert uns der Medienmensch Mühler seine beruflichen Highlights. Warum er zu guter Letzt auch noch den Punkt Weiterbildung eingefügt hat, erklärt sich leider nicht. Hat er diese Themen als Referent angeboten oder selbst als Teilnehmer genossen? Diese Frage könnte beim Vorstellungsgespräch auftauchen.

Das eher kleine, quadratische **Foto**, klassisch positioniert auf der ersten Seite oben rechts, hätte ruhig ein bisschen größer sein dürfen. Es wirkt aber auch so ganz sympathisch und ist ein echter Hingucker.

Einschätzung: Schöne Bewerbung mit Aussicht auf Erfolg – wenn auch ein Punkt im Leistungsprofil ungeklärt bleibt. Aber Achtung: Zu viele Anhänge erhöhen nicht das Interesse, sich mit dem Bewerber auseinanderzusetzen!

Durch etwas Besonderes auffallen

Ihr Profil

Alle reden davon, aber keiner erklärt es. Auch wenn man den Begriff schon öfter gehört hat, bleibt er vielen Bewerbern unklar.

Ihrem **Profil** kommt eine ähnlich hohe Bedeutung zu wie Ihrem Lebenslauf (besser: beruflicher Werdegang). Es hat die spezielle Funktion, Ihr besonderes Nutzenangebot, Ihr USP (Alleinstellungsmerkmal) kurz und knapp zu vermitteln und Ihre Problemlösungsfähigkeiten überzeugend vor Augen zu führen. Das macht Ihr Lebenslauf auch, aber in deutlich anderer Form. Bei beiden geht es um den Nachweis Ihrer speziellen Kompetenz, hohen Leistungsmotivation und besonderen Persönlichkeit (KLP). Ihr Profil soll in ganz kurzer Form Auskunft darüber geben, was Sie aktuell leisten können (und bereits auch diesbezüglich schon geleistet haben), um einen Personalentscheider sicherer abschätzen zu lassen, ob er Ihnen die neue Aufgabe zutrauen kann.

Ein gutes Profil, das Sie auch allein, ohne weitere Anlagen, nur mit einem kurzen Anschreiben verschicken könnten, kann Ihnen wesentlich dabei helfen, im Bewerbungsprozess weiterzukommen. Bei der Anfertigung eines solchen Profils haben Sie viele Möglichkeiten, sich positiv aus der Masse der Bewerber abzuheben.

Zum Inhalt Ihr Profil bildet die wichtigsten „Marker" ab, die erkennen lassen, dass Sie für die zu besetzende Position, die anstehenden Probleme, Aufgaben, etc. die richtige, am besten geeignete Person sind.

Zum Umfang Alles, was Sie für diese Aufgaben besonders qualifiziert und interessant macht, muss zu Papier gebracht werden, alles andere lassen Sie weg. Auch an dieser Auswahl erkennt man, mit wem man es zu tun hat! Ihr Profil sollte deshalb nicht länger als eine, vielleicht maximal zwei Seiten lang sein!

Zur Form Für Ihr Profil (genau dies ist auch die Überschrift: Profil) gelten die gleichen Layout-Regeln (Stichwort Ästhetik), wie für den Lebenslauf. Unter der Überschrift Profil folgt ein zweispaltiger Aufbau, dessen Abteilungen durch linksseitige Überschriften (oder Stichworte) geprägt sind und deren inhaltliche Ausführung rechts daneben stattfindet. Übrigens: Es ist nicht üblich, das Profil zu unterschreiben! Die folgenden Punkte sind eine Anregung, es gibt keine feststehenden Themen, wie sich Ihr Profil aufbaut.

Übersicht Hier ausgewählte Themen sowie die Überschriftenvorschläge dazu, die Sie in die **linke** Spalte platzieren und die Ihr (Angebots-) Profil abbilden. In der **rechten** Spalte nehmen Sie zu jedem Punkt inhaltlich Stellung.

- Vor- und Zuname, Geburtsdatum/Ort
- Berufsbezeichnung
- Kontaktdaten (nur die wichtigsten)
- Ausbildungshintergrund
- Schwerpunktkenntnisse und Erfahrungen (das ist sehr wichtig!)

- durchgeführte Projekte und erzielte Erfolge (hier steht am meisten!)
- ggf. berufliche Auslandsaufenthalte
- Weiterbildung und Seminare
- ggf. Mitgliedschaften in Verbänden und Fachgremien
- Engagement, Interessen
- Sprachkenntnisse
- EDV-Kenntnisse
- Führerscheine/Lizenzen
- ggf. Veröffentlichungen, Vorträge
- ggf. Lehr- und/oder Prüfungs- und/oder Gutachtertätigkeit.

Als Beispiel eines Bewerberprofils zeigen wir Ihnen hier die Profilcard von Lino Müller, die sich auch als PDF bzw. digital auf einer Homepage verwenden lässt:

Lino Müller

Finanzgutachter

• 01234/124 890 • Fax 01234/124 910 • Mobil 01234/133 70 80 • E-Mail l.mueller@gmx.net
• Alpenstraße 15, 88194 Baindlkirch

Berufliche Tätigkeit

- Finanzgutachter für den Sparkassenverband Süd seit 2009
- Finanzgutachter Volksbank Böblingen/Sindelfingen, 2006-2009
- Betreuer Firmenkunden Volksbank Stuttgart, 2001-2005

Ausbildung

- Studium BWL bis zum Vordiplom, dann VWL an der FU Berlin, Abschluss 2001: Schwerpunkt EU Bankenwirtschaftsentwicklung/staatl. Finanz- u. Währungssteuerung

Weiterbildung

- Challenge: Euro-Taskforce zur Einführung, Euro-Krisenmanagement Irland, 2009
- Weiterbildung Bundesbankseminare: Steuerung der EU-Geldströme, 2007-2011
- Div. Vorträge, zuletzt auf EU-Bankenwirtschaftstreffen in Genf, Mai 2011

Auslandserfahrung

- USA: SunTrust Bank, 2005-2006
- Irland: Allied Irish Banks, 2009 für 6 Monate

Skills

- Mitglied im Euro-Bankgremium Luzern e. V. (CH)
- Fördermitglied Europäischer Kunstmarkt für Fotorealismus

Hobbys

- Aktiver Segler
- Fotografie

Neben Ihrem Angebotsprofil existiert auch Ihr Suchprofil. Wie beispielsweise:
30-Stunden-Woche, nur im Raum XY, Jahreseinkommen nicht unter 40 000 EUR, kleines Team bevorzugt, schnelle Entscheidungen, flache Hierarchien, hohe Eigenverantwortung, Selbstständigkeit ...

Das Deckblatt

Egal für welche Präsentationsform Sie sich entscheiden – es ist ratsam, die Leser Ihrer Unterlagen nicht direkt in den Lebenslauf „fallen zu lassen". Das Deckblatt soll den Einstieg erleichtern und neugierig darauf machen, was anschließend kommt. Sie können, müssen aber nicht, schon auf dieser Seite Ihr Foto (eventuell mit Ihrer Unterschrift! ein Zitat, ein Motto oder einen persönlichen Leitspruch) präsentieren. Beispiel: „Carpe diem – Nutze den Tag!"
Mögliche Bestandteile des Deckblatts können sein: Name, Kontaktdaten von Adresse bis E-Mail, Berufswunsch, als Überschrift „Bewerbungsunterlagen für (Unternehmen, Ansprechpartner, eventuell Adresse) von (Ihr Name)", Foto. Zeigen Sie bereits an dieser exponierten Stelle, dass Ihre Leser etwas Besonderes erwartet!
Mehr dazu, auch zum Profil, lesen Sie unter **www.berufsstrategie-exakt.de.**

Die Dritte Seite

Überraschen Sie Ihre Leser, indem Sie eine Dritte Seite beifügen. Beim Blättern oder Scrollen in Ihren Unterlagen stößt der Personalchef auf die für ihn neue, unerwartete Seite, etwa mit der Überschrift „Was mir wichtig ist" oder „Was Sie noch wissen sollten". Was mag sich wohl dahinter verbergen?
Diese zusätzliche, sich an den Lebenslauf anschließende Extraseite ist in dieser Form immer noch relativ neu. Der Empfänger Ihrer Botschaft wird diese bestimmt sehr aufmerksam lesen und zur Kenntnis nehmen. Wem es an dieser Stelle gelingt, in wenigen kur-

zen Sätzen das richtige Bild zu vermitteln, darf – wenn die anderen Eckdaten stimmen – mit einer Einladung zum Vorstellungsgespräch rechnen.

An alternativen Möglichkeiten bieten sich:

- eine Extraseite mit der Auflistung Ihrer Publikationen,
- die Skizzierung von Ihnen besuchten Fortbildungsveranstaltungen,
- Ihre besonderen Arbeitsschwerpunkte oder Projekte.

Bisweilen wird immer noch eine Handschriftenprobe verlangt und manche Kandidaten schreiben dann, offensichtlich in Ermangelung einer kreativen Idee, skurrile Texte aus der Zeitung ab und scannen sie ein, was zwar auch eine Art Dritte Seite darstellt, aber leider ziemlich unglücklich wirkt. Ein individueller Text über Ihre Fähigkeiten und Stärken wäre sicherlich die bessere Lösung.

Überschrift Sie soll überraschen, Interesse, besser noch Neugierde wecken und dabei inhaltlich kurz aussagen, worum es geht. Der Kreativität sind dabei fast keine Grenzen gesetzt. Überschrift und Text sollten aber gut zueinander passen! Am besten bringen Sie zunächst die zu vermittelnde Botschaft zu Papier und formulieren dann die geeignete Überschrift.

Beispiele für die Überschrift:
Zu meiner Bewerbung
Meine Motivation
Warum ich mich bewerbe
Zu meiner Person
Was Sie noch wissen sollten
Ich über mich
Was mich qualifiziert
Warum ich?

Umfang Sie haben etwa sieben bis maximal 15 Zeilen zur Verfügung; das ist der entscheidende Platz, auf dem Sie Ihre Person, Ihre KLP-Botschaften entsprechend vorstellen. Verwenden Sie die übliche Schriftgröße, damit Ihr Leser keine Mühe mit dem Lesen hat.

Inhalt Wie sehen Ihre Argumente aus, was ist Ihre Botschaft, mit der Sie beim Empfänger Interesse und Sympathie auslösen?
Thematisch kommen Aussagen zu Ihrer Person, Motivation und Kompetenz infrage. Versuchen Sie aber bloß nicht, zu viele Informationen auf diese eine Seite zu pressen, das kann eher einen nachteiligen Eindruck erzeugen. Inhaltlich darf die von Ihnen gewählte Botschaft mit Aussagen im Anschreiben in Zusammenhang stehen, außerdem mit Daten aus dem Lebenslauf und mit Ihren Arbeitsplatzstationen. Ihr Statement darf etwas persönlicher, pointierter formuliert sein – ohne zu übertreiben.

Abschluss Am Ende sollten Sie, wie auch beim Lebenslauf, unterschreiben bzw. dort Ihre gescannte Unterschrift platzieren.

Platzierung Auch wenn die von uns genutzte Bezeichnung „Dritte Seite" (ursprünglich kommt sie aus dem Zeitungsbereich und steht dort für Hintergrundberichte) praktisch ihre Position suggeriert, steht Ihnen die Platzierung frei. Ob nun nach dem Lebenslauf oder sogar davor als eine Art Einleitung, eventuell auch im Anlageteil (möglichst am Anfang), das ist Ihre Entscheidung.

Sondererklärungen Statt Dritter Seite können Sie auch ein anderes Papier entwickeln und es gezielt an ausgewählter Position in Ihren Bewerbungsunterlagen einsetzen. Ob Sie nun Passagen aus Ihren Arbeitszeugnissen, Dankes- und Anerkennungsschreiben, die Sie erhalten haben oder sonstige positive Stimmen zitieren, bleibt Ihnen und Ihrer Dramaturgie überlassen. Unser Beispiel auf Seite 116 zeigt Ihnen einen alternativen Ansatz.
Diese spezielle kommunikative Chance können Sie auch nutzen, um beispielsweise hinter einem schlechten Arbeitszeugnis (im Anlagenteil) Ihre persönliche Erklärung zu den Umständen abzugeben. Hier dürfen Sie Ihrem Leser auch vermitteln, warum Sie wiederholt nach sehr kurzer Zeit den Arbeitgeber gewechselt haben. Lassen Sie aber

gerade diese eher heiklen kommunikativen Herausforderungen gegenchecken, bevor Sie Ihrer Mappe eine solche Erklärung beilegen, damit sich ein vermeintlicher Vorteil nicht in einen Nachteil verwandelt.

Das Anlagenverzeichnis

Dieser Zusatz ist einfach, aber sehr effektiv. Platziert hinter den Lebenslaufseiten vermittelt diese Seite dem Empfänger einen Überblick darüber, mit welchen beigefügten Unterlagen Sie ihn „schwarz auf weiß" beeindrucken wollen. Es geht um die Auflistung der üblicherweise im Anhang mitgelieferten Scans von Ausbildungsabschlüssen, Fortbildungszertifikaten und Arbeitszeugnissen.
Wenn Sie nur zwei Papiere dieser Art Ihren Unterlagen anzufügen haben, ist ein Anlagenverzeichnis nicht nötig und wirkt eher unsouverän. Da es aber oft schon bei noch relativ jungen Bewerbungskandidaten um zehn bis zwanzig unterschiedliche Dokumente geht, ist es nicht nur sehr leserfreundlich, sondern auch in Ihrem eigenen Interesse, wenn Sie einen schnellen Überblick in Form eines Anlagenverzeichnisses geben und darin auch die entsprechenden Rubriken aufführen.

Mögliche Reihenfolge der Anlagen:

1. Arbeitszeugnisse (das neueste zuerst)
2. Weiterbildungsnachweise (ebenso sortiert)
3. Ausbildungs- und Schulabschlusszeugnisse

Zusätzlich dient es der besseren Orientierung, und der Leser stößt vielleicht in der Übersicht darauf, dass Sie an einer bestimmten Uni Ihren Abschluss gemacht haben, eine spezielle Weiterbildung absolvierten, bei einem dem Leser bekannten Arbeitgeber beschäftigt waren – und so kann er schneller das besonders interessante Dokument herbei scrollen und lesen.
Die unterschiedlichen Rubriken können Sie frei definieren, und selbst die Abfolge bleibt Ihnen weitestgehend überlassen. Sie könn-

ten also auch mit Referenzen starten, obwohl die Arbeitszeugnisse eigentlich den Kern Ihrer beigefügten Anlagen ausmachen sollten.

Referenzen und Empfehlungen

Wollen und können Sie jemanden benennen, der für Sie als Fürsprecher auftritt? Die Referenz kann ihren Unterlagen schriftlich beigefügt werden oder Sie geben die entsprechenden Kontaktdaten Ihres Fürsprechers für eine etwaige telefonische Nachfrage an. Wer kommt dafür in Frage? Nahe Verwandte sind nicht akzeptabel. Eher lässt sich Ihr zukünftiger Chef von einem Profi, der längere Zeit mit Ihnen zusammengearbeitet hat, beeindrucken. Es kann sich deshalb nur um Vorgesetzte handeln, in Ausnahmefällen um Personen mit öffentlich anerkannter Autorität.
Wenn Sie eine oder gar mehrere Personen kennen, die sich gerne positiv über Sie äußern möchten, kann das Ihre Bewerbung durchaus befördern. Sprechen Sie aber sicherheitshalber die Inhalte der Referenz vorher ab, damit Sie auch ganz im Sinne Ihrer gesamten Bewerbung formuliert wird.
Bei einer Referenz gibt es ein paar Formalitäten zu beachten: Sie legen in Ihre Anlagen ein Extrablatt mit der Überschrift „Referenzen“ und schreiben dann etwa Folgendes: Die folgenden Personen sind bereit, über mich Auskunft zu geben ... Jetzt folgen Name, Telefonnummer und/oder Adresse Ihrer Fürsprecher, möglichst auch die Position/Funktion dieser Person, eventuell, wie lange diese Person Sie kennt und in welchem Zusammenhang Sie zu Ihnen steht (mein Ausbilder, Vorgesetzter von ... bis ... bei ..., Professor bei dem ich meine Diplomarbeit geschrieben habe etc.).
Beispiele zum Deckblatt, Dritter Seite, Anlagenverzeichnis und weiteren Dokumenten finden Sie unter **www.berufsstrategie-exakt.de**.

Das Anschreiben

Was ein richtiges, papierenes Anschreiben enthalten sollte (nicht aber der Text Ihrer E-Mail!), ist hier aufgeführt. Falls Sie also ein Anschreiben in einer Gesamt-PDF zusammen mit den anderen Unterlagen versenden möchten, achten Sie darauf, alle folgenden Bestandteile zu berücksichtigen:

- Briefkopf
- Empfängeradresse (personalisiert)
- Ort und Datum
- Betreff
- Anrede (personalisiert)
- Brieftext (Auftakt, Hauptteil, Schluss)
- Grußformel
- Unterschrift
- P. S. (optional)
- Hinweis auf Anlagen.

Wichtig Dies müssen Sie jetzt schon wissen, selbst wenn Sie sich erst dann dem Anschreiben zuwenden sollten, sobald alle anderen Unterlagen fertig sind. Sehen Sie das Anschreiben als eine Art ideale Bühne, um sich selbst, Ihre Persönlichkeit und Fähigkeiten besonders zu inszenieren. Das Anschreiben soll den Empfänger auf die Persönlichkeit des Bewerbers aufmerksam machen und ihn dazu bringen, sich den übrigen Dokumenten mit Interesse zuzuwenden.

Umfang Mit Rücksicht auf die gestresste Arbeitgeberpsyche gilt die goldene Regel: In der Kürze liegt die Würze. Am besten ist ein Anschreiben von einer Seite (optimal nicht mehr als fünf, sechs, maximal zehn, zwölf Sätze). Vertretbar sind nur in ganz wenigen Ausnahmefällen maximal eineinhalb Seiten, wenn Sie wirklich etwas ungewöhnlich Wichtiges zu kommunizieren haben. Damit fallen Sie schon sehr aus dem Rahmen. Vorsicht!

Einstieg Neben der sorgfältigen Briefkopfgestaltung, der korrekten Empfängeradresse, Ort und Datum ist es die Betreffzeile, die eine besondere Gestaltungsherausforderung darstellt. Sowohl der formulierte Betreff als auch ein (optionales) P.S. am Ende werden sehr aufmerksam zur Kenntnis genommen. Das ist Ihre Chance. Wem es hier gelingt, durch etwas mehr Einfallsreichtum Aufmerksamkeit zu binden, sammelt Pluspunkte (dazu gleich mehr!). Die Betreffzeile kommt übrigens *ohne* die früher übliche Abkürzung „Betr.:" aus, also bitte unbedingt weglassen! Sie beginnen stattdessen sofort mit Ihrem eigenen Satz.

Anrede „Sehr geehrte Damen und Herren" – diese Formel kann schon einen groben Fehler darstellen. Personalisieren Sie die Anrede, finden Sie im Vorfeld heraus, wie der Entscheider heißt. Im Zweifel schreiben Sie namentlich an den Inhaber (Institutsleiter, Vorsitzenden) und gleich darunter an die „sehr geehrten Damen und Herren".

Auftakt Jeder Journalist muss seine Leser mit dem ersten Satz neugierig machen, fesseln und zum Weiterlesen „verführen". Denn Leser sind ungeduldig. Genau dasselbe gilt auch für Chefs. Deshalb sollten Sie den Einstieg Ihrer Bewerbung so gestalten, dass Ihr Arbeitgeber „dranbleiben" will. „Hiermit bewerbe ich mich um ..." oder „Ich beziehe mich auf Ihre Anzeige ..." sind stereotype und sehr langweilige Einstiege. Als Richtlinien für den Anfang gelten: Spannung erzeugen – Interesse wecken – Freundlichkeit vermitteln.

Hauptteil Sie müssen hier in kurzer und prägnanter Form darstellen, warum Sie sich bewerben und weshalb gerade Sie der richtige, nahezu ideale Bewerber sind. Vermitteln Sie, dass Sie genau ins Anforderungsprofil der Firma passen und was Sie Besonderes zu bieten haben. Über welche Qualifikationen und Qualitäten verfügen Sie, die zum Beispiel den im Anzeigentext genannten Anforderungen entsprechen? Garantiert falsch: 08/15-Anschreiben, die verschickt werden wie eine Massenbriefsendung.

Beantworten Sie ebenso klar wie knapp folgende Fragen: Warum bewerben Sie sich, wo stehen Sie jetzt, und was sind Ihre Ziele?

Schluss Verwenden Sie keine Plattheiten, sondern setzen Sie einen freundlich-verbindlichen Schlusspunkt. Der letzte Satz klingt immer noch ein paar Momente im Gedächtnis nach. Beenden Sie Ihren Brief mit der Bitte um ein Vorstellungsgespräch, der Grußformel, Ihrer Unterschrift dem Hinweis auf die Anlagen und eventuell einem P. S.

Tipp

Bewerbungsprofis entwickeln drei alternative Anschreiben, und legen dann alle drei einer selbst gewählten „Prüfungskommission" vor. Durch Tipps und kritische Anregungen von anderen lässt sich das Bewerbungsanschreiben oftmals wesentlich verbessern und so von Mal zu Mal überzeugender gestalten.

Zur Betreff- und P. S.-Zeile Die Betreffzeile gehört unbedingt ins Anschreiben! In der Mail gibt es dafür ja ohnehin ein eigenes Feld. Als Überschrift steht sie noch vor der Anrede und weist kurz darauf hin, worum es im Wesentlichen geht – egal ob Sie sich auf eine Anzeige hin bewerben oder eigeninitiativ vorstellen wollen. Auch die sorgfältig getextete Betreffzeile kann positiv wahrgenommen werden.

Beim Anschreiben dürfen Sie bis zu drei Zeilen gestalten/texten (grafisch z. B. durch Fettdruck unterstützt) und dadurch schon beim Empfänger eine gewisse Anfangserwartung wecken. Gar nicht so einfach! Und wenn Sie mit einer Frage oder Kurzzusammenfassung Ihres Angebots anstelle der üblichen Stichworte („Ihre Anzeige in ... vom ..." oder „Bewerbung als ...) starten, macht das schon einen bemerkenswerten Unterschied aus und bringt Ihnen Aufmerksamkeit ein.

Mögliche Textbausteine für Betreffzeilen:

- **Diplom-Ingenieur mit langjähriger Berufserfahrung sucht Herausforderung als ...**
- **Ihr Stichwort: tüchtige Sekretärin; meines: Das bin ich!**
- **Sie suchen ... Ich biete ...** (zutreffende Stich- und Schlüsselbegriffe einsetzen!)
- **Das wird ein wunderbarer Start ...** (ggf. präzisieren)
- **Vertrauen Sie meiner Problemlösungskompetenz** (ggf. mit Zahlenangabe: „über 20-jährigen“)

Noch interessanter und sehr außergewöhnlich ist die P. S.-Notiz, die Sie ebenfalls auffällig gestalten dürfen. Nutzen Sie die Gelegenheit, durch einen Nachsatz nochmals auf sich und Ihr Anliegen aufmerksam zu machen. Führen Sie einen Aspekt an, der Ihnen einen zusätzlichen Pluspunkt bringt. Vieles ist vorstellbar: ein Hinweis, Versprechen, Kompliment etc. Vielleicht gefällt das freundliche Postskriptum. Aufmerksamkeitsanalysen haben ergeben, dass auf einer Briefseite das P. S. nach der Betreffzeile (oder einer anderen Überschrift) die größte Beachtung findet.

Beispiele:

- **P. S.: Mit einer kleinen Arbeitsprobe möchte ich Sie von meiner Kompetenz überzeugen. Können wir dazu in den nächsten Tagen telefonieren?** (oder vorbeikommen etc. ganz variabel einsetzen, nach Lage der Dinge ...)
- **P. S.: Ich bin mir ganz sicher, die von Ihnen gestellten Aufgaben aufgrund XYZ zu Ihrer vollsten Zufriedenheit lösen zu können. Bitte rufen Sie mich an.** (XYZ argumentativ bitte entsprechend texten – und es geht auch sehr gut ohne die Anrufaufforderung!)
- **P. S.: Die richtige Arbeitsmotivation beziehe ich aus meiner Identifikation mit der Firma und ihren Produkten. Dies trifft auch bei Ihrem Unternehmen und Ihrer angebotenen Position absolut zu.**

Das unterscheidet papierene und elektronische Anschreiben

Auf dem klassischen Weg haben Sie nur für ein Anschreiben mit möglichst einer Seite Bedarf bzw. Platz. Wenn Sie Ihre Unterlagen elektronisch versenden, gibt es dafür zwei Freiräume, die Sie nutzen können (aber nicht müssen!). Sie haben zum einen die Mailmaske, die einen mindestens kurzen Begleittext erfordert (inklusive Betreffzeile, persönliche Anrede und Unterschrift sowie ggf. eine pfiffige P. S.-Zeile). Sie können zum anderen jedoch im Anhang noch ein weiteres, ganz normal gestaltetes, ausführlicheres Anschreiben als RTF-Datei (besser als eine Word-Datei, bei der es Textverschiebungen geben kann) oder PDF-Datei beifügen. Hier haben Sie natürlich alle Freiheiten der Gestaltung wie Sie sie auch bei einer papierenen Bewerbung hätten. Sie können grafische Hervorhebungen kreieren durch unterschiedlichen Schriftgrößen oder Fettdruck, ein Logo einfügen, selbstentworfen oder von Ihrem zukünftigen Arbeitgeber, oder ein Foto von sich platzieren. Sie sind, wie gesagt, völlig frei in der Gestaltung, achten Sie jedoch darauf, nicht zu übertreiben. Zu verspielt oder unübersichtlich darf es nicht werden. Ein einheitlicher, stringenter aber ansprechender Stil muss unbedingt gewahrt bleiben. Und fragen Sie sich, ob dieser zu Firma und Branche passt, für die Sie sich bewerben. Im Falle eines eigenen Anschreibens per PDF kann entsprechend kurz der Text in der Mailmaske ausfallen. Aber auch er soll, ja muss den Leser neugierig machen!

Wenn Sie jedoch kein besonderes Anschreiben neben Ihrem Lebenslauf-/beruflichem Werdegang verwenden wollen, sollten Sie schon etwas mehr Aufwand für den begleitenden Mailtext treiben. Trotzdem ist besonders hier eine komprimierte, also sehr knappe Ausdrucksform erwünscht.

Checkliste: Anschreiben

Haben Sie ...

- [ ] Ihren persönlichen Briefkopf (Ihren Absender) schön, zeitgemäß und vollständig gestaltet mit: Name, Anschrift, Adresse, Telefon, ggf. Mobiltelefon, E-Mail ...?
- [ ] die Empfängeranschrift korrekt dargestellt, möglichst den Namen eines Ansprechpartners in Erfahrung gebracht und richtig geschrieben?
- [ ] Ort und Datumszeile korrekt platziert?
- [ ] eine sofort ansprechende Betreffzeile (bitte ohne „Betr.:"), die klar Auskunft gibt, worum es geht?
- [ ] möglichst einen persönlichen Empfänger herausgefunden, den Sie direkt anschreiben/ansprechen können, ggf. darunter mit der allgemeinen Ansprache: Sehr geehrte ... Beispiel:
  Sehr geehrter Herr Maier,
  sehr geehrte Damen und Herren, ...
- [ ] berücksichtigt, dass Ihr Anschreiben lesefreundlich ist (Schriftgröße 11 bis 13, Schrifttyp nicht zu ausgefallen, Seitenrand angemessen breit, ca. 4 cm links, ca. 3 cm rechts), keine „Löcher" in den Zeilen oder an deren Ende, vor allem aber keine vollgeschriebene „Bleiwüste«, sondern eher kurz mit einigen Absätzen, ...?
- [ ] einen netten, nicht zu langen Einstieg gefunden, gefolgt von Ihrer Motivation und Ihrem Leistungsangebot?
- [ ] Ihren beruflichen und persönlichen Hintergrund gelungen kurz dargestellt, ohne zu über- oder zu untertreiben?
- [ ] verdeutlicht, wofür Sie stehen, beruflich wie auch als Mensch und zukünftiger Mitarbeiter?
- [ ] die Quintessenz auf den Punkt bringen können, die Ihr Angebot ausmacht?
- [ ] darauf geachtet, dass Sie sich interessant machen, der Leser auf Sie neugierig wird?
- [ ] die geforderten Angaben (Gehaltswunsch, möglicher Einstiegstermin etc.) geschickt beantwortet?
- [ ] eine sympathische Abschluss-Grußformel ausgewählt?

- [ ] mit ausgeschriebenem Vor- und Zunamen relativ ordentlich lesbar unterschrieben? (Vor- und Zuname, keine maschinenschriftliche Wiederholung)?
- [ ] eventuell ein sinnvolles P. S. angeführt?
- [ ] an die Anlagen (allein das eine Wort „Anlagen" unten reicht bereits) gedacht?
- [ ] haben Sie Ihr Anschreiben kritisch und sehr sorgfältig gegenlesen lassen?

Hier ein Beispiel für ein gelungenes Anschreiben auf eine ausgeschriebene Stelle:

Sanitärhaus Sturm

Wir suchen einen jungen, fleißigen Sanitärfachmann, der auch gelegentlich in unserem Hauptgeschäft unsere Kunden berät.

Wir erwarten
- abgeschlossene Berufsausbildung
- mindestens 3-jährige Berufspraxis
- selbstständiges Arbeiten
- Flexibilität (auch Wochenenddienst)
- Erfahrungen im Verkauf
- möglichst PC-Kenntnisse

Ihre schriftliche Bewerbung richten Sie an:
Anton Sturm, Burgallee 135, 21205 Hamburg

Die ausgeschriebene Stelle Hier sucht ein Handwerksbetrieb eine neue Arbeitskraft. Wichtig scheint die Einsatzfreude und die zeitliche Flexibilität des jungen und doch schon erfahrenen Bewerbers zu sein. Aber auch Selbstständigkeit und Verkaufserfahrungen sowie PC-Kenntnisse werden gewünscht. Da eine Adresse angegeben ist, könnten Sie gegebenenfalls selbst das Unternehmen aufsuchen, um einen ersten persönlichen Eindruck davon zu bekommen, wie die Atmosphäre im Betrieb ist, und natürlich um einen ersten und vor allem guten Eindruck von sich zu hinterlassen. Je sympathischer Sie bei der ersten Begegnung mit Ihrem möglichen neuen Arbeitgeber wirken, desto besser.

Unser Bewerber Peter Pischer ist gelernter Gas- und Wasserinstallateur und hat bereits fünf Jahre in seinem Beruf als Geselle gearbeitet. Seit einem halben Jahr ist er arbeitslos, nachdem der Kleinbetrieb seines Meisters, bei dem er auch die Ausbildung gemacht hatte (Abschluss: gut) Konkurs ging. In dieser Zeit hat er einen Fortbildungslehrgang besucht und sich als Aushilfstätigkeit einen Nebenjob als Hausmeister organisiert. Nun möchte er endlich wieder in einem Handwerksbetrieb seiner Branche einen vollen Arbeitsplatz einnehmen. Er ist flexibel, was den Arbeitsanfang anbetrifft, und hat seine Unterlagen nach einem Vorabtelefonat persönlich vorbeigebracht und abgegeben. Nicht schlecht! Das schafft einen hohen Aufmerksamkeits- und Erinnerungswert. Auf der folgenden Seite sehen Sie nun seine Unterlagen.

Peter Pischer   Am Wallgraben 2   20201 Hamburg   Telefon: 040 3542612

Herrn
Anton Sturm
Sanitärhaus Sturm
Burgallee 135
21205 Hamburg

Hamburg, 26.06.2011

Ihre Anzeige vom 21.06.2011 im Abendblatt
Ihr Stichwort: fleißiger Sanitärfachmann
Meines: ... **der bin ich!**

Sehr geehrter Herr Sturm,

vielen Dank für das freundliche und informative Telefonat. Ihre Ausführungen haben mich bestärkt, Ihnen meine Bewerbungsunterlagen persönlich vorbeizubringen.

Nach meiner Ausbildung zum Gas- und Wasserinstallateur (Abschlussnote: gut) habe ich fünf weitere Jahre in meinem Ausbildungsbetrieb gearbeitet.
Während dieser Zeit wurde ich sowohl mit Aufgaben der Altbausanierung betraut als auch in unserem Verkaufsgeschäft in der Müllerstraße bei der Kundenberatung und **im Verkauf eingesetzt.**

Der Umgang mit der Kundschaft hat mir immer sehr viel Spaß gemacht und ich denke von mir sagen zu können, dass ich ein gewisses **Verkaufstalent** habe. Da wir ein Kleinbetrieb waren, hat mich mein Chef von Anfang an stark gefordert und mir eine sehr selbstständige Arbeitsweise abverlangt. Diese habe ich dann auch – wie Sie aus meinem Arbeitszeugnis entnehmen können – zu seiner vollsten Zufriedenheit erfüllt.

Bedingt durch den Konkurs meines Arbeitgebers aufgrund eines Großkunden, der selbst in Zahlungsschwierigkeiten gekommen war, musste ich mich um eine andere Tätigkeit zur Überbrückung bemühen.
Diese fand ich kurz darauf als Hausmeister und handwerkliche Allroundkraft.
Hier habe ich nicht nur meine Flexibilität und Einsatzstärke erneut unter Beweis gestellt, sondern konnte auch meine sonstigen handwerklichen Fähigkeiten weiter ausbauen.
Zusätzlich habe ich mich in dieser Zeit beruflich fortgebildet, wie Sie den beigefügten Anlagen entnehmen können.

Es würde mich freuen, Sie in einem Vorstellungsgespräch von meiner Qualifikation zu überzeugen und bitte Sie deshalb, mich einzuladen.
Eine Arbeitsaufnahme könnte dann sehr schnell erfolgen.

Mit freundlichen Grüßen

Peter Pischer

PS: Diese Bewerbungsunterlagen erstelle ich auf meinem eigenen PC (Model XXX), sodass ich Ihre Anforderungen diesbezüglich sicher erfüllen kann.

Anlagen

Kommentar zum Anschreiben von Peter Pischer

Absender: die Briefkopfzeile ist vollständig und nicht langweilig.

Datum: ist in der richtigen Form präsentiert.

Betreffzeile: sehr aussagekräftig (pointiert) formuliert (Anzeige, Zeitung, Zeitpunkt und mehr!).

Anrede: persönlich formuliert und vorab telefoniert, was die Chancen enorm erhöht.

Inhalt: wirkt überzeugend. Stilistisch ein gelungener Text (keine „Hänger" oder ständige „Ich"-Satzanfang-Wiederholungen). Der Bewerber bringt Argumente, die für ihn sprechen und als Anforderung im Anzeigentext des Unternehmens standen. Die Gliederung (Absatzgestaltung!) ist schön und enthält keine ungeschickte Aussage über die aktuelle Arbeitslosigkeit.

Länge: Ein wenig kürzer wäre besser.

Absätze: ordentlich, gut strukturiert.

Unterschrift: Richtig so!

P. S.: Am Ende ein besonders gelungener, überzeugender Hinweis.

Anlagen: Genau so reicht es!

Gestaltung: raffiniert. An wenigen, aber wichtigen Stellen ist der Text fett bzw. unterstrichen.

Fazit: Der Bewerber dürfte sehr gute Chancen haben, durch sein Vorab-Telefonat, der mutig entschlossenen persönlichen Aktion des Vorbeibringens bis hin zum P. S.

Bewerbungsgestaltung mit Medien: DVD und Co.

PowerPoint

Wann empfiehlt sich eine Bewerbung mit PowerPoint? Sicherlich kann man mit einer solch kreativen Bewerbung punkten, insbesondere dann, wenn für den entsprechenden Arbeitsplatz gute Power-

Point-Kenntnisse erforderlich sind. Aber auch bei Arbeitsplätzen, die eine allgemeine sichere Selbstdarstellung voraussetzen, kann eine Bewerbung als PowerPoint-Präsentation sinnvoll sein.

Gestaltung Gestalten Sie entsprechend der Erwartungen der Zielgruppe eine kompetente und gleichzeitig unaufdringliche Selbstpräsentation. Ein besonderer Kniff kann die Verwendung der Hausfarben oder des Firmenlogos sein, das Sie dezent in Ihre Präsentation einbauen. Stellen Sie auch die richtige Präsentationsdauer pro Folie ein und testen Sie die Zeiteinstellungen der Folienübergänge im Freundeskreis.
Zeigen Sie sich kompetent im Umgang mit PowerPoint, ohne dabei den Bogen zu überspannen: Stellen Sie technische Spielereien nicht zwanghaft in den Vordergrund, denn nicht alles, was technisch machbar ist, muss auch wirklich zu Ihrer Präsentation passen. Benutzen Sie nur die Animationen, Grafikeffekte oder Soundoptionen, die Ihre Botschaft unterstützen und diese nicht gnadenlos überdecken. Viel wichtiger ist eine fesselnde Dramaturgie – ein überraschender Start, der in einen spannenden Mittelteil übergeht und Ihre Präsentation mit einem überraschenden Paukenschlag enden lässt. Zugegeben, alles ist leichter gesagt als getan!
Machen Sie sich bewusst, dass bei Bewerbungen im Design- und Grafikbereich sicherlich höhere Anforderungen an die gestalterischen und technischen Fähigkeiten gestellt werden als zum Beispiel im medizinischen, juristischen oder kaufmännischen Bereich.

Format und Umfang Eine Präsentation in PowerPoint kann technisch „verpackt" werden, sodass der Empfänger nicht unbedingt das entsprechende Office-Programm der Firma Microsoft benötigt. Hier gilt es bei Bedarf Expertenrat einzuholen, um auch wirklich alle sinnvollen Möglichkeiten von PowerPoint zu nutzen. Ein Versand Ihrer Präsentation per E-Mail darf nicht die üblichen Größen von etwa 2 bis 3 Megabyte überschreiten. Im Folgenden ein gelungenes Beispiel einer Power-Point-Präsentation:

Einfach aber effektvoll startet Sandra Schelling ihre Bewerbungspräsentation durch die Einnahme des gesamten Bildschirms und durch ein sympathisches Farbquadrat, das lediglich „Bewerbung“ und ihren Namen transportiert.

Auf dem nächsten Chart präsentiert sich Sandra Schelling mit einem sympathischen Foto und den üblichen, wenn auch etwas gekürzten Sozialdaten. Sicher wäre noch genug Platz gewesen, um den Geburtsort mitzuteilen, andererseits ist die Konzentration auf das wirklich Wesentliche auch nicht schlecht. Neben der Kopfzeile, die beibehalten wird, ist jetzt eine Fußzeile eingeführt, die geschickt Namen und Position der Kandidatin plus Datum verbindet.

Bewerbung | Anschreiben

Sehr geehrter Herr Reuther,

auf Empfehlung von Herrn Fischer wende ich mich direkt an Sie und überreiche Ihnen meine Bewerbungsunterlagen.

Aus persönlichen Gründen strebe ich eine Tätigkeit im Raum Stuttgart an.

Meine Arbeits- und Fähigkeitsschwerpunkte liegen auf den Gebieten PR, Marketing und Organisation.

Über die Gelegenheit zu einem persönlichen Gespräch würde ich mich sehr freuen.

Mit freundlichen Grüßen aus Berlin

Sandra Schelling

Sandra Schelling | Bewerbung als PR-Leiterin | Dezember 2011

Jetzt folgt das sogenannte Anschreiben: kurz, knapp, aber präzise mit eingescannter Unterschrift und den freundlichen Grüßen aus der Hauptstadt.

Wir kommen zum Lebenslauf oder eben Curriculum Vitae, dem der Betrachter (Empfänger) jetzt sehr schnell entnehmen möchte, von welcher Stufe des beruflich Erreichten aus sich Sandra Schelling ihm empfiehlt.

CV | Beruflicher Hintergrund

seit Juni 2010
Greenpeace Deutschland, Berlin
Leitung Öffentlichkeitsarbeit und Spendenmarketing
- Erhöhung der Spendeneinnahmen um ca. 8 Prozent/Jahr
- Mitarbeiterschulung für öffentliche Auftritte

Januar 2009 – Mai 2010
Schering, Berlin
Assistentin der Geschäftsführung
- Organisation und Koordination von PR-Terminen
- Leitung der Hauszeitung „Schering Aktuell“

März 2005 – Dezember 2008
Agentur ddb, Berlin
PR-Referentin
- Ausarbeitung von PR-Kampagnen
- Koordination von PR-Aktivitäten und Erfolgsmessung

Sandra Schelling | Bewerbung als PR-Leiterin | Dezember 2011

Der CV/beruflicher Hintergrund bringt die wichtigsten Berufsstationen interessant genug herüber!

CV | Ausbildung

2001 – 2005
Universität der Künste, Berlin
Studium Gesellschafts- und Wirtschaftskommunikation
- Hauptfach: Verbale Kommunikation
- Diplomthema: „Vergleich der PR in Deutschland und USA“ (Note: 1,3)

1989 – 2001
Albert Einstein Schule, Berlin
Allgemeine Hochschulreife
- Leistungskurs: Deutsch
- Redaktionsmitglied der Schülerzeitung „Rotstift“

Sandra Schelling | Bewerbung als PR-Leiterin | Dezember 2011

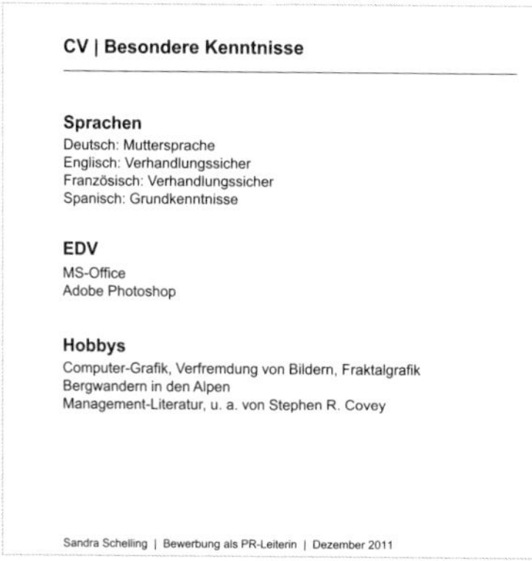

Auf dem nächsten Chart sehen wir den Ausbildungshintergrund, gefolgt von der Rubrik „Besondere Kenntnisse“. Hier wird die Kandidatin lebendiger. Ob man auf Deutsch als Muttersprache gesondert hinweisen sollte, liegt sicherlich im Ermessensspielraum. Es ginge auch gut ohne.

Jetzt wird das Profil angekündigt und löst zweifelsohne Neugier aus. Was erwartet uns auf dem nächsten Chart?

Profil | Lebensphilosophie

Inveniam viam aut muniam

Ich finde einen Weg oder ich baue mir einen

Sandra Schelling | Bewerbung als PR-Leiterin | Dezember 2011

Die Lebensphilosophie. Ganz schön mutig!

Profil | Ich über mich

Ich bin
PR-Profi mit fundierter Erfahrung in Öffentlichkeitsarbeit, Marketing und Organisation (inkl. Personalverantwortung sowie Auswahl und Training von multikulturellen Teams).

Ich habe
mehr als eine Stärke, meine wichtigste aber ist eine hohe Kommunikationsfähigkeit; auch meine Fremdsprachkenntnisse helfen mir ganz wesentlich dabei.

Ich will
eine neue berufliche Herausforderung in einer international agierenden Firma, eine hauptverantwortliche Führungsposition, die absolut leistungsgerecht honoriert wird.

Sandra Schelling | Bewerbung als PR-Leiterin | Dezember 2011

Gefolgt von drei weiteren Aussagen. Sicher alles Geschmackssache. Der Erfolg krönt es!

Und dann der Abschluss. Eine gelungene, beeindruckende Präsentation. So etwas weckt Interesse! Diese Präsentation ist auch im Internet unter **www.berufsstrategie-exakt.de** zu finden.

Die eigene Homepage

Stellen Sie Ihre eigene Homepage ins Internet, auf der Sie sich den potenziellen Arbeitgebern präsentieren. Durch diese elektronische Visitenkarte erfahren die Entscheider mehr über Sie und Sie fallen auf. Das ist ein nicht unwesentlicher Aspekt, wenn man bedenkt, dass man sich mit einer Bewerbung oft gegen mehrere hundert Konkurrenten durchsetzen muss. In Ihren schriftlichen Bewerbungsunterlagen weisen Sie dann auf Ihre Seite im Internet hin.

Allerdings sollten Sie bedenken: Bei einem kleinen, eher konservativen Unternehmen mag so eine Selbstpräsentation vielleicht etwas protzig wirken. Wer sich aber im Computer- oder Multimediabereich bewirbt, von dem wird eine eigene Webseite fast schon erwartet. Es ist an Ihnen, hier eine realistische Einschätzung zu finden.

Generell gilt: Eine für Ihre Bewerbung als Unterstützung konzipierte Homepage sollte auf keinen Fall farblich und inhaltlich überladen sein oder gar mit lustigen Urlaubsbildern sowie Lieblingswitzen ausgeschmückt werden. Ihr Ziel ist es, sich prägnant, kompetent, hoch motiviert und sehr sympathisch zu präsentieren. Nutzen Sie die Internetsuche und finden Sie Homepages, die ebenfalls zu Bewerbungsunterstützungszwecken „gebastelt" worden sind. Schauen Sie sich deren Gestaltung sowie die inhaltlichen Schwerpunkte an.

Technische Umsetzung Sie benötigen ein entsprechendes Webeditor-Programm wie zum Beispiel Microsoft Frontpage. Es ist auch möglich, bei PowerPoint oder Word die erzeugten Seiten im Format HTML abzuspeichern, jedoch zeigt dieser erzeugte Code gewisse Schwächen bei bestimmten Webprogrammen. Abseits davon bieten manche Internetanbieter einfache Webeditoren als leicht bedienbare Onlinetools an, die Ihnen beim Kauf Ihrer Internetadresse kostenlos zur Verfügung gestellt werden. Die meisten Internetprovider bieten übrigens eigene Homepages als kostengünstigen Service für ihre Kunden an. Wenn Ihnen die grafische Gestaltung und technische Umsetzung Ihrer Homepage zu viel Mühe macht und das Ergebnis vermutlich eher laienhaft wäre, lohnt es sich in jedem Fall, einen professionellen Webdesigner zu beauftragen.

Gehen Sie auf Nummer Sicher Testen Sie Ihre Seiten auf unterschiedlichen Computern, mit verschiedenen Webbrowsern und unterschiedlichen Bildschirmauflösungen. Nur so können Sie wissen, dass Ihre Homepage auch wirklich fehlerfrei online gehen kann.

Inhaltliche Umsetzung Zu den Inhalten einer Homepage gehören: Eine Kurzvorstellung der eigenen Person mit den wichtigsten Daten, ein Lebenslauf, den man dann auch gleich direkt ausdrucken kann, sowie ausgewählte Zeugnisse und eventuell Arbeitsproben (Fotos). Selbstverständlich können Sie sensible Daten wie Zeugnisse oder Arbeitsproben durch ein Passwort geschützt nur einer speziellen Personengruppe zugänglich machen. Dieses Passwort übermitteln Sie dann einfach zusammen mit Ihren Bewerbungsunterlagen. Überlegen Sie sich gut, ob Sie aufwendige Animationen oder umfangreiche multimediale Inhalte in Ihre Seite integrieren wollen. Das kostet die Besucher oft unnötig viel Zeit. Verwenden Sie ein Layout, das den Erwartungen Ihrer Zielgruppe entspricht und trotzdem Ihre eigene Persönlichkeit angemessen präsentiert.

Domainname Die beste Variante ist eine Webadresse, die den eigenen Namen enthält, also zum Beispiel www.sandra-schelling.de für eine Homepage von Sandra Schelling. Welche Namen mit dem Abschlusskürzel „de“ noch nicht vergeben sind, erfahren Sie unter **www.denic.de**. Es ist auch möglich, bei Anbietern wie T-Online oder AOL seine eigene Homepage hochzuladen, jedoch erscheint man dann nicht mit der eigenen Domain, sondern in einem etwas versteckten Unterverzeichnis.

Sechs Regeln für die perfekte Homepage

1. Weniger ist mehr. Versuchen Sie nicht durch eine übermäßige grafische Gestaltung, sondern durch eine zweckmäßige und trotzdem kreative Präsentation aufzufallen.
2. Stellen Sie wichtige inhaltliche Punkte gut sichtbar sowie leicht erreichbar in den Vordergrund.
3. Vergessen Sie nicht, auch etwas über Ihre Persönlichkeit zu kommunizieren, und vermeiden Sie Links zu zweifelhaften Internetseiten.
4. Auch Ihre direkten Kontaktmöglichkeiten sollten stets leicht auffindbar sein.
5. Achten Sie auf Metatags, damit Ihre Homepage von den Suchmaschinen möglichst leicht gefunden wird. (Weitere Infos unter: **www.suchfibel.de**)
6. Halten Sie die Daten und die Gestaltung Ihrer Homepage stets auf dem aktuellen Stand.

Für unsere Muster-Bewerberin Sandra Schelling haben wir auch ein Beispiel einer gelungenen Bewerber-Homepage geschaffen. Sie finden es unter: **www.berufsstrategie.de/bewerbungshomepage/**

CD, DVD und Video

Ein Weg zur Traumstelle, der immer beliebter wird, ist der Weg über die Videobewerbung.

Was für das Unternehmen die Karrierewebsite, ist für Sie die Bewerbung mittels Video. Ein Hauptgrund für die Einstellung eines Kandidaten neben seiner fachlichen Qualifikation sind seine viel beschworenen soft skills (also alles was zwischenmenschlich notwendig ist, um in einem Unternehmen erfolgreich zu sein) und die Sympathie. Wenn schon das Foto auf einer Bewerbung für Personaler wichtig ist – wie viel mehr können Sie durch ein ganzes Video erreichen! Mit einer guten Vorbereitung haben Sie es in der Hand, einen Personaler von sich zu überzeugen. Eine aufrechte Körperhaltung, ein direkter offener Blick, ein Lächeln und ein Text, der in zwei Minuten auf den Punkt bringt, weswegen Sie die beste Wahl sind – gepaart mit einer seriösen Kleidung vor einem geeigneten Hintergrund zeigen Ihr Engagement, Ihr Auftreten und Ihre Überzeugungskraft.

Amerikanische Bewerber, die die Videoplattform YouTube für ihre Karrieregestaltung nutzten, haben weltweit Nachahmer gefunden. Die Videobewerbung wird auch bei Unternehmen immer beliebter.

Natürlich gehört die Videobewerbung zu den neueren und hierzulande noch eher selten verwendeten Bewerbungsformen. In kreativen Branchen wird sie sicherlich schon häufiger eingesetzt als in eher konservativen Geschäftsfeldern. Es gibt einige Internetplattformen, die Privatvideos zu den unterschiedlichsten Themen sammeln und verwalten, beispielsweise **www.youtube.com**, **www.myvideo.de** oder **www.myspace.com**.

Aufmachung Eine Videobewerbung muss kurz, sehr informativ und recht spannend sein und schon durch die Machart die (job-)relevanten Facetten des Bewerbers zeigen. Langatmige atmosphärisch schöne Einleitungen sollte man unbedingt vermeiden, stattdessen die Verbindung zwischen Firma und Bewerber begründen. In Amerika gibt es bereits Agenturen, die diese Bewerbungen auf

Wunsch mit potenziellen Arbeitgebern verlinken – eine Vorgehensweise, die auch in Deutschland eine Überlegung wert ist. Die Videobewerbung kann aber sicherlich nur ein Teil Ihrer vollständigen Bewerbung inklusive schriftlicher Unterlagen sein.
Einige Dienstleister wie **www.jobtv-24.de** bieten die professionelle Gestaltung eines solchen Videos an. Auch wer sich die Umsetzung selbst zutraut, bekommt technische Unterstützung in Gestalt der Software der Firma Cvone (**www.cvone.de**). Ihr Wahlspruch „You don't get energy from a piece of paper“ bringt die Vorteile der Videobewerbung bestens auf den Punkt. Laut Aussage des Erfinders Steve Riedel verkürzt eine Videobewerbung den Entscheidungsprozess um 50 bis 80 Prozent – bares Geld für die Unternehmen. Die Software ist in drei Teile gegliedert. In einem ersten Teil erhält der Bewerber die Möglichkeit, seine Unterlagen hochzuladen. Sie können später vom Personaler ausgedruckt werden. Für die eigentliche Bewerbung steht dem Bewerber ein Textfeld zur Verfügung, in der er den Text, den er sprechen möchte, verfassen kann. Über seine eigene Webcam oder eine Webcam der Firma kann er seine Bewerbung so oft er möchte filmen. Eine große Erleichterung ist hierbei der eingebaute Teleprompter, auf dem er den von ihm verfassten Text ablesen kann. Die Besonderheit: Er kann bis zu zehn Videos bis zu fünf Minuten Länge (was nicht zu empfehlen wäre, weil viel zu lang!) aufnehmen und sie nach Themen betiteln („Meine berufliche Laufbahn“, „Meine Auslandserfahrungen“, „Meine Interessen“). Nach der Aufnahme bietet die Software alle nötigen Werkzeuge zur Videobearbeitung inklusive verschiedener Layouts für Ihre Bewerbung an. Ein Import eines externen Videos ist natürlich ebenso gut möglich. Eine einfach handhabbare Software dieser Art nimmt die Hemmschwelle auch für ältere Bewerber, denen der technische Aufwand für eine solche Art der Bewerbung zu hoch erscheint.
Für Unternehmen bietet die Software noch einen besonderen Service. Sie können auf ihren Stellenanzeigen dem interessierten Leser die Funktionen von CVone zur Verfügung stellen, der damit praktisch, schnell und kostenlos seine Bewerbungsabsicht in die Tat um-

setzen kann. Zusätzlich gibt es die Möglichkeit, dem Bewerber zur Bearbeitung seines Vorstellungstextes Fragen zu erwünschten Informationen mitzuliefern. So muss der Bewerber nicht allzu sehr im Trüben fischen, sondern bekommt vom Unternehmen alle wichtigen Punkte, auf die er eingehen sollte, sozusagen frei Haus – ein Vorteil für beide Seiten.

Aufwand Der technische und zeitliche Aufwand für die Herstellung eines gut gemachten Videos ist nicht zu unterschätzen. Für einen zweiminütigen, professionell gemachten Bewerbungsfilm müssen Sie einige Tage Arbeit einplanen. Zunächst müssen Sie eine Idee davon entwickeln, was Sie in dieser Selbstdarstellung an Botschaften vermitteln wollen. Welchen Eindruck soll der Empfänger von Ihnen haben?
Sie entscheiden, ob Sie sich in Ihrem Lieblingssessel oder im Park laufend filmen lassen, während Sie den Zuschauer möglichst natürlich und glaubhaft von Ihrem Angebot zu überzeugen versuchen. Dabei sind Ihr Auftritt (Outfit) und das Umfeld durchaus von Bedeutung. Filmisch sind dabei einige Dinge zu beachten: Bildkomposition, Tonqualität, Lichtverhältnisse.

Mögliche Elemente Ihrer Videobewerbung:
› Filmsequenzen
› Musik
› Texte
› Animationen
› Grafik

Lassen Sie sich helfen, es gibt genug Profis auf diesem Gebiet. Besuchen Sie entsprechende Internetforen sowie Expertenseiten im Netz.

Professionelle Hilfe Unter **http://digitalvideoschnitt.de** erhalten Sie viele technische Informationen zur Videoerstellung und mithilfe von Suchmaschinen finden Sie entsprechende Anbieter, die eine CD mit Ihrem Wunschdesign produzieren. Sollten Sie ein absoluter

technischer Laie sein, so können Sie auch sämtliche Arbeiten – von der Kreation bis zur Produktion – an eine entsprechende Multimediaagentur abgeben. Diesen Weg sollten Sie aber nur gehen, wenn von Ihrem zukünftigen Arbeitsplatz keine entsprechenden Multimedia-Kompetenzen erwartet werden, da Ihre Bewerbung ansonsten als unglaubwürdig betrachtet werden könnte.
Die Kosten für eine solche Produktion können bis mehrere hundert Euro gehen. Dafür können Sie sich inhaltlich auf Ihren Auftritt und die Gesamtdramaturgie konzentrieren. Einige Minuten frei über sich zu sprechen ist nicht einfach und die Zeit kommt einem wahnsinnig lang vor. Probieren Sie es spontan aus! Die Länge Ihres Films sollte fünf (besser drei!) Minuten nicht übersteigen.

Inhalt Das Video soll einen Beleg für Ihre berufliche Kompetenz, Ihre Leistungsbereitschaft sein und Sie als einen ernst zu nehmenden sympathischen Bewerber zeigen. Vergessen Sie deshalb nicht, Ihre Wesensart (Persönlichkeit) passend zum jeweiligen Job zu vermitteln.
Ein Beispiel: Sie bewerben sich mit Ihrem Video als Koch bei einem Restaurant. Dann kann es durchaus interessant sein, ein passendes, kleines Gericht zu kochen und dies per Video festzuhalten. Zeigen Sie sich hierbei von ihrer sympathischsten Seite und wählen Sie ein Gericht, das auch der zukünftige Arbeitgeber gern von Ihnen gekocht haben möchte.

Fünf Regeln für das perfekte Video

1. Erstellen Sie vorab einen kleinen Drehplan, in dem die unterschiedlichen Drehorte, die verschiedenen Einstellungen, die jeweilige Kulisse, die Statisten sowie andere wichtige Details festgehalten sind.
2. Denken Sie daran, dass Ihr Video nicht zu lang wird und auch in einem Format übermittelt werden kann, das der Empfänger lesen/anschauen kann.
3. Halten Sie die Balance zwischen einer kreativen Performance und der Übermittlung Ihrer beruflichen Kompetenz.

4. Generell sind Videos ein Medium zur Übertragung von bewegten Bildern, weshalb Ihr kleines Kunstwerk dies auch berücksichtigen sollte.
5. Testen Sie im Zweifelsfall die Wirkung Ihres Videos im Freundes-, Kollegen- und Bekanntenkreis.

Verpackung und Form Zu einer CD/DVD-Erstellung gehört auch die Gestaltung der Hülle sowie eines professionellen Labels. Schauen Sie sich deshalb im Freundes- und Bekanntenkreis die Gestaltung von selbst gemachten CDs/DVDs an und geben Sie Ihrem Medium eine professionell-dezente Verpackung.
Anstelle einer normalen CD können Sie auch eine sogenannte Shape-CD gestalten. Diese hat dann nicht die gewohnte runde Form, sondern kann zum Beispiel wie eine Visitenkarte, ein Quadrat oder ein Dreieck aussehen und dann mit ihren Kontaktdaten oder einer Grafik bedruckt werden. Mit einer Shape-CD können Sie also noch individueller Ihre Botschaft transportieren und bereits schon vor dem Ansehen der CD beim Empfänger besondere Aufmerksamkeit erzeugen. Anbieter von Shape-CDs finden Sie im Internet mithilfe der Suchmaschinen.

Übermittlung Vermeiden Sie das Verschicken eines Videos per E-Mail. Nehmen Sie sich die Zeit und brennen Sie alles auf CD oder DVD, inklusive einer entsprechenden Gestaltung dieser Trägermedien. Eine weitere Möglichkeit wäre die Präsentation Ihres Videos auf Ihrer Homepage, als Videostream, der den Besuchern zur Verfügung gestellt wird.

Bewerbungsformen

Die überzeugende Bewerbung – perfekt zugeschnitten

Der Einfallsreichtum bei Bewerbungen treibt gelegentlich skurrile Blüten, aber nicht jede ausgefallene Idee findet beim Adressaten den erwünschten Beifall. Der Geschäftsführer einer Werbeagentur staunte nicht schlecht, als er von einem Bewerber einen Fön mit der Aufschrift „Ich sorge für frischen Wind“ in den Händen hielt. Dieser blies dem vermeintlich Kreativen scharf zurück: „Heiße Luft machen können wir selber!“.

Nicht jede ungewöhnliche Bewerbungsidee führt also zum gewünschten Erfolg, indes werden Sie sicher die erwünschte Beachtung bekommen, wenn Sie den eigenen USP, das persönliche Alleinstellungsmerkmal gegenüber der Konkurrenz, verdeutlichen und in Ihrer Bewerbung ausgetretene Pfade verlassen. So signalisieren Sie geistige Beweglichkeit sowie Selbstbewusstsein. Deshalb sollten motivierte Kandidaten besonderen Wert auf eine Bewerbung mit ausgefeilter, persönlicher Note legen. Denn Ihre schriftlichen Unterlagen sind Ihre erste Arbeitsprobe, die der potenzielle Arbeitsplatzanbieter zu sehen bekommt.

Zwei Kardinalfehler lassen sich häufig beobachten: Die Bewerbungsunterlagen sind nicht ausreichend klar strukturiert bzw. im positiven Sinne wirklich informativ für den Empfänger, sondern wirken wie mit der „heißen Nadel gestrickt“. Dies weckt bei Personalverantwortlichen nicht gerade den Wunsch, den Bewerber kennenlernen zu wollen. Hinzu kommt: Mit einer „08/15-Bewerbung“ kann man auch kaum Leistungsmotivation oder besondere Kompetenz vermitteln.

Worauf kommt es nun an und wie stellen Jobsucher ihre Persönlichkeit am besten heraus? Das Zauberwort heißt „Selbstmarketing“. Aber was zeichnet ein gekonntes Selbstmarketing aus? Und wie wirbt man erfolgreich für sich und die eigenen Fähigkeiten?

Klagen wie: „Ich bin doch ein gut ausgebildeter Ingenieur, warum

bekomme ich keine Einladung ..." oder „Die neue PR-Referentin verdient viel mehr als ich, dabei habe ich doch die bessere Ausbildung und leiste auch sonst viel mehr" hören Karriereberater immer wieder von ihren Rat suchenden Klienten.
Genau diese larmoyante Haltung ist jedoch falsch. Sinnvoller ist es, sich zu fragen: „Was hat die PR-Frau eigentlich, was ich nicht habe?" Erfolge im Berufsleben kommen nicht allein durch eine bessere Ausbildung oder besondere Fähigkeiten. Sondern: Erfolgreiche Menschen vermarkten sich einfach geschickter als weniger erfolgreiche. „Tue Gutes und rede darüber", dieses Motto bringt das Selbstmarketing auf den Punkt. Bewerber sollten versuchen, sich einmal durch die Augen eines Personalchefs zu betrachten. Die Frage „Was kann ich der Firma bieten und wie profitiert sie durch mich?" erzielt bei vielen Kandidaten einen nicht unerheblichen, bewusstseinserweiternden Aha-Effekt.
Werben und Netzwerken sind die zwei Seiten einer Medaille. Ein gutes Netzwerk und dann und wann ein Mittagessen und der gemeinsame Austausch mit Förderern sind wichtige Bausteine für Ihre Karriereplanung. Denn: Über Ausschreibungen in der Tages- und Fachpresse oder im Internet werden vielleicht gerade einmal 30 Prozent aller Jobs vergeben. Empfehlungen sind bei der Besetzung von Stellen besonders wichtig. Dafür ist gekonntes „Strippenziehen" sehr hilfreich. Für ambitionierte Bewerbungskandidaten empfiehlt es sich, in ein Netzwerk mit dem Vorsatz zu gehen, auch anderen etwas bieten zu wollen. Egoisten haben schlechte Karten. Entweder man bringt selbst Kontakte mit oder bietet etwas Besonderes an. Als Teil des Netzwerks darf niemand nur darauf warten, dass immer die anderen etwas für einen tun. Selbstmarketing bedeutet also nicht Egoismus, sondern es bedeutet, die eigenen Interessen selbstbewusst zu vertreten. Diese gut formulieren zu können, gepaart mit (persönlicher) sozialer Kompetenz, das sind essentielle Bestandteile einer zielgerichteten und erfolgreichen, weil überzeugenden Bewerbung.

„Fare bella figura", machen Sie eine gute Figur – in Italien eine Selbstverständlichkeit! Selbstmarketing bedeutet eben auch, sich zu positionieren und sein Erscheinungsbild positiv zu gestalten. Nicht grundlos heißt es: Der erste Eindruck zählt. Ergebnisse von Kommunikationstests haben gezeigt, dass insbesondere bei Erstkontakten bis zu 60 Prozent der äußere Eindruck zählt, zu 30 Prozent die Stimme und nur zu 10 Prozent der Inhalt des Gesagten. Bei häufigeren Kontakten verschiebt sich das Ergebnis zwar in Richtung der Kompetenzen eines Kontaktpartners, aber der Ersteindruck bleibt oftmals prägend, spielt immer eine entscheidende Rolle auch im weiteren Verlauf. Deshalb ist das Image wichtig und muss stimmen.

Dazu gehören verschiedene Elemente, zum Beispiel, sich auf den persönlichen „Schönheitswettbewerb" einzulassen: Sich sorgfältig kleiden, sich pflegen/schminken, strahlen und immer seine Schokoladenseite zeigen. Eine optimistische Einstellung rüber zu bringen, auch wenn es mal schwer fällt, ist ebenfalls ein Wettbewerbsvorteil. Darüber hinaus erfreuliche Ereignisse in den Vordergrund stellen zu können, Negatives einfach mal ohne Murren zu akzeptieren und trotzdem nicht alles rosarot zu sehen, sind weitere wichtige Erfolgsmerkmale, die Menschen an anderen in ihrem Arbeitsumfeld mögen. Ganz wichtig ist es außerdem, sich nicht unter Wert zu verkaufen, das kann schnell die eigene Motivation beschädigen. Und diese ist der Motor eines erfolgreichen Selbstmarketings.

Und gerade deshalb: Viele Wege führen nach Rom – eine Weisheit, die letztlich auch für Bewerbungen gilt. Mit einem bisschen Mehr an Planung, Aufmerksamkeit und Engagement ist beim Bewerben Erstaunliches zu bewirken. Dabei gilt festzuhalten, dass egal ob schriftlich, elektronisch oder persönlich, eher konservativ oder unkonventionell, aufgepeppt durch ästhetische Tricks und Kniffe oder mit zusätzlichem Infomaterial, eines ganz besonders wichtig ist und gilt: die Persönlichkeit des Bewerbers muss erkennbar werden: Wer ist er, was kann er, was will und bringt er mit?!

Die Initiativbewerbung

Neben der klassischen Bewerbung als Reaktion auf eine Stellenanzeige haben Sie auch die Möglichkeit, sich initiativ bei einem Unternehmen zu bewerben: Bewerben Sie sich also unaufgefordert, „eigeninitiativ", und zeigen Sie damit, dass Sie etwas bewegen, etwas Besonderes leisten wollen und können.

Das entscheidende Kommunikationsziel bei der Initiativbewerbung ist die gekonnte Beantwortung der Fragen, warum man sich gerade für dieses spezielle Unternehmen interessiert und was man Außergewöhnliches anzubieten hat. Natürlich sind das Aspekte, die bei jeder Bewerbung eine wichtige Rolle spielen, bei einer Initiativbewerbung ist dies jedoch eine ganz besondere Herausforderung, denn es kommt darauf an, einen vielleicht noch gar nicht erkannten Bedarf zu wecken.

Und das bedeutet, sehr gute Werbung in eigener Sache zu machen. Hingewiesen sei an dieser Stelle auf die AIDA-Formel aus der Werbepsychologie. Bei einer Initiativbewerbung müssen Sie sich besonders sorgfältig vorbereiten und Ihre schriftlichen Argumente klug durchdenken. Ihre Bewerbung soll bei dem Personalentscheider den unbedingten Wunsch auslösen, Kontakt mit Ihnen aufnehmen zu wollen. Die AIDA-Formel hilft.

AIDA, das bedeutet:

A ttention = Die Aufmerksamkeit des Kunden wird angeregt.
I nterest = Er interessiert sich für das Produkt.
D esire = Sein Wunsch nach dem Produkt wird geweckt.
A ction = Er kauft das Produkt.

Recherche Die Initiativbewerbung erfordert ein außergewöhnliches Marketing und Fingerspitzengefühl und zeigt im Erfolgsfalle Ihre ganz besondere Kompetenz auf verschiedenen berufsrelevanten Gebieten (Initiative, Leistungsmotivation, Persönlichkeit etc.). Am Anfang steht die Vorauswahl von Branche und potenziellen Arbeitgebern und die möglichst genaue Analyse, was wo gebraucht und gewünscht wird und wie Sie Ihr Angebot darauf ausrichten können. Nutzen Sie unbedingt das Internet für die Vorrecherche (s. a. Seite 202) und telefonieren Sie vorab, um Informationen zu erhalten oder Ihre Bewerbung anzukündigen. Wichtig: Üben Sie das gekonnte Telefonieren, dann entgehen Sie der Gefahr, zu früh abgewimmelt zu werden (s. Seite 122).

Chancen Ihre Initiativbewerbung wird dann erfolgreich sein, wenn sie beim potenziellen Arbeitgeber auf einen gerade aktuellen Bedarf stößt, der sich genau mit Ihrem Arbeitsangebot deckt – ein Mitarbeiter fällt plötzlich aus oder es entsteht ein personeller Mehrbedarf, bedingt durch einen Großauftrag etc. Die andere Möglichkeit: Es gelingt Ihnen, durch die geschickte Präsentation Ihrer Fähigkeiten einen latenten oder neuen Bedarf überhaupt erst zu wecken.
Experten gehen davon aus, dass etwa 20 Prozent aller Arbeitsplätze über eine Initiativbewerbung besetzt werden. Personalchefs interpretieren diese Form des Vorgehens als Hinweis auf eine besonders ausgeprägte Motivation und ein stark erfolgsorientiertes Vorgehen.

Klasse statt Masse Natürlich muss gerade die Initiativbewerbung individuell auf einen speziellen Arbeitgeber zugeschnitten sein; keinesfalls darf der Empfänger das Gefühl haben, ein monotones Formschreiben vor sich zu haben, das leicht abgewandelt als Massensendung verschickt wurde.
Die sicherlich kürzeste Initiativbewerbung werden Sie noch kennenlernen: das eigene Stellengesuch (ab Seite 120). Noch einmal zur Verdeutlichung: Jedes Produkt in den Verkaufsregalen bewirbt sich bei Ihnen, dem Konsumenten, initiativ. „Nimm mich, kauf mich", lautet die Botschaft, die wir ständig sehen und hören (zum Beispiel im Werbefernsehen). Ein Hinweis, der Ihnen den Gestaltungsspielraum für Initiativvorhaben verdeutlichen soll! Sehen Sie sich deshalb das folgende Beispiel einer gelungenen Initiativbewerbung an:

Cornelia Brünner

Freigasse 4
99425 Weimar
Tel.: 03643 881923
E-Mail: cb@freenet.de

Immobilienbüro Bartsch
An der Mühle 12
99425 Weimar

Weimar, 02.03.2011

Initiativbewerbung
Kauffrau in der Grundstücks- und Wohnungswirtschaft

Sehr geehrter Herr Bartsch,

aus den Schilderungen von Herrn Gotthart sowie weiteren Bekannten habe ich einen äußerst positiven Eindruck von Ihrer Tätigkeit gewonnen. Es reizt mich sehr, für Ihr Büro Eigentumsobjekte zu verkaufen. Spezialwissen besitze ich über Jugendstilgebäude, deren Vorzüge ich besonders überzeugend darstellen kann.

Als langjährige Fachangestellte in der Verwaltung besitze ich bereits Kenntnisse über Grundstücksfragen sowie Beratungspraxis aus meiner Tätigkeit im Bürgerbüro.

Um meine beruflichen Möglichkeiten zu erweitern, erwarb ich eine zweite Qualifikation als Kauffrau in der Grundstücks- und Wohnungswirtschaft. Schon während der Ausbildung sammelte ich – neben meinem Praktikum in einem Immobilienbüro – erste Erfahrungen im neuen Beruf: Ich beobachte den Markt, indem ich interessante Stadtviertel besichtige und Bekannte darin unterstütze, eine geeignete Wohnung zu finden. Meine Beratungs- und Begeisterungsfähigkeit wird dabei sehr geschätzt.

Weimar ist mir schon aus meiner Jugendzeit in angenehmer Erinnerung. Ich freue mich auf ein persönliches Gespräch mit Ihnen.

Mit freundlichen Grüßen

Anlagen

Freigasse 4
99425 Weimar
Tel.: 03643 881923
E-Mail: cb@freenet.de

Was ich Ihnen zu bieten habe ...

- ✓ Ausbildung als Kauffrau in der Grundstücks- und Wohnungswirtschaft
- ✓ Erfahrung mit der Immobilienbranche aus Praktikum und privaten Kontakten
- ✓ Erfahrung mit Beratung und Betreuung aus weiterer Berufspraxis
- ✓ Fähigkeit, Interesse an scheinbaren Nebensächlichkeiten zu wecken
- ✓ Spezialisierung: Jugendstilgebäude und -inventar
- ✓ Einfühlungs- und Kommunikationsvermögen, Überzeugungskraft
- ✓ Kooperationsbereitschaft und Organisationsfähigkeit
- ✓ Bereitschaft, kurzfristig und flexibel zur Verfügung zu stehen
- ✓ Weltoffenheit und Sprachkenntnisse

Lebenslauf

Cornelia Brünner

geboren am 01.03.1976 in Dessau
unverheiratet, keine Kinder; ortsungebunden

Berufsausbildungen

01/2009 bis 12/2010	Umschulung zur Kauffrau in der Grundstücks- und Wohnungswirtschaft mit IHK-Abschluss *Eppenstedt Bildungsgesellschaft, Weimar*
1998 bis 2001	Berufsausbildung als Verwaltungsfachangestellte, Fachrichtung Kommunalverwaltung *Forstamt Saarlouis*

Berufspraxis

Seit 01/2011	selbständige Vorbereitung auf eine Tätigkeit in der Immobilienbranche (Erkundung von Wohngebieten und Austausch mit Branchenangehörigen)
09 bis 11/2010	Praktikantin im Rahmen der Umschulung *Immobilienbüro Walter, Weimar*
2006 bis 2008	Verwaltungsangestellte (befristet) *Bürgerbüro Saarlouis* Beratung von Bürger/innen, v. a. in Wohnungsfragen
2001 bis 2005	Verwaltungsangestellte (befristet) *Forstamt Saarlouis* Sachbearbeitung von Genehmigungen, Grundstücksfragen sowie Assistenz des Forstamtleiters
1997 bis 1998	Fremdsprachige Führungen sowie Befragungen in Freiburg und Saarbrücken *(freiberuflich)*

Schulausbildung

1992 bis 1994	Gymnasium in Tuttlingen
1982 bis 1992	Grund- und Oberschule in Dessau

Hobbys, Auslandsaufenthalte und Sprachkenntnisse

Impressionistische Malerei, Architektur (v. a. Jugendstil), Volleyball

Au-Pair-Aufenthalt in Spanien (1995)
Reisen durch Lateinamerika und Australien (1996)

Englisch, Französisch und Spanisch: gute bis sehr gute Kenntnisse

Ich stehe für Fachkompetenz,
Flexibilität, Kommunikationsvermögen
und Begeisterungsfähigkeit.
Meine Berufspraxis und Lebenserfahrung
haben mir gezeigt, dass man
mit dem besonders erfolgreich ist,
was man aus vollem Herzen tut!

Weimar, 02.03.2011

Zu den Unterlagen von Cornelia Brünner Die 35-jährige Frau Brünner jobbte als Au-Pair-Mädchen, Stadtführerin und Interviewerin, bevor sie Verwaltungsfachangestellte wurde. Nach einigen Jahren mit befristeten Anstellungen in Behörden, Arbeitslosigkeit und Neuorientierung lässt sie sich zur „Kauffrau in der Grundstücks- und Wohnungswirtschaft" umschulen. Nun schreibt sie eine Initiativbewerbung an einen Immobilienmakler.

Im **Anschreiben** beschränkt sich Frau Brünner auf das Wesentliche. Nachvollziehbar beschreibt sie, weshalb sie sich für die Maklertätigkeit begeistern kann: Die Kandidatin setzt die persönliche Verbindung mit dem Ansprechpartner ihrer Bewerbung geschickt ein und weist auf ihre Spezialität hin. Anschließend fasst sie die wesentlichen Aspekte ihrer Qualifikation und Praxiserfahrung zusammen. Mit dem abschließenden Satz verstärkt sie ihr persönliches Interesse am Einsatzort. Die Gliederung ihres Schreibens ist sehr übersichtlich, die Betreffzeile findet sofort die Aufmerksamkeit des Lesers.

Dem **Lebenslauf** hat die Bewerberin ein Deckblatt vorangestellt, das ein interessantes Foto von ihr mit gewinnendem Lächeln, leicht verschränkten Armen und einem ungewöhnlichen Format bei minimalem Kopfanschnitt enthält. Auch die Unterschrift wirkt positiv an dieser Stelle. Die folgende Liste fasst zusammen, was Frau Brünner dem Immobilienbüro an Qualifikation, Praxis und sozialen Kompetenzen anzubieten hat – so beweist sie Selbstbewusstsein und Kreativität. Sie ordnet ihre Laufbahn nach dem amerikanischen System an, das Aktuelle – in diesem Fall auch das Wichtige – zuerst. Sie schließt hier aber auch ihre Ausbildung zur Verwaltungsfachangestellten ein, weil diese in die gleiche Kategorie gehört. Geschickt löst sie ihr Problem des fehlenden Abitur-Abschlusses, indem sie diesen einfach nicht erwähnt. Bei allen Daten (außer den neuesten) gibt sie die Jahreszahlen an, wodurch Lücken verdeckt werden. Bei ihrer Berufspraxis als Verwaltungsfachangestellte führt sie Schwerpunkte auf, die ihre Ausrichtung erläutern. Hobbys und Auslandsaufenthalte sowie Sprachkenntnisse sind zusammengefasst. Besonders überzeugend wirkt der hervorgehobene Absatz „Ich stehe für ...“, mit dem Frau Brünner nochmals betont, was sie auszeichnet und ihr Lebensmotto darstellt. Im hier aus Platzgründen nicht gezeigten Anlagenverzeichnis finden sich übersichtlich alle wesentlichen Ausbildungs- und Arbeitszeugnisse.

Einschätzung: Ein gelungenes Beispiel einer Initiativbewerbung mit Charme und Charakter! Und das bei einer Kandidatin, die keinen „idealen“ beruflichen Werdegang vorweisen kann.

Die Kurzbewerbung

Das entscheidende Merkmal dieser Bewerbung ist – wie der Name schon sagt – ihre Kürze; der Empfänger wird schnell über den Bewerber informiert und kann spontan entscheiden, ob er nun mehr sehen möchte. Eine Kurzbewerbung kann unterschiedlich umfangreich sein. In der Regel verfassen Sie aber nur ein kurzes Anschreiben und nennen Ihre wichtigsten Lebenslaufdaten. Dateianhänge sind bei dieser Form unüblich (s. a. Seite 149). Aber gerade bei der Kurzbewerbung kommt es auf jedes Detail an und das Verfassen kurzer, prägnanter Texte braucht oft etwas mehr Zeit. Bereiten Sie sich auf diese Bewerbung genauso gründlich vor wie auf die ausführliche Variante. Kurzbewerbungen eignen sich nur für eine bestimmte Bewerbergruppe – für Spitzenverdiener und besondere Leistungsträger kommen sie eher weniger in Frage.

Das Stellengesuch

Fast könnte man sagen: Beim Thema E-Bewerbung kommen Sie am Stellengesuch nicht vorbei. Es ist eine gute, zumindest ergänzende Möglichkeit zur Selbstdarstellung. Natürlich kommt es vor allem darauf an, wie man sich als Stellensuchender präsentiert. Viele Gesuche sind recht eintönig, geradezu langweilig, und darüber hinaus wenig aussagekräftig formuliert. Das, was die Inserenten potenziellen Arbeitgebern z. B. in der Zeitung anbieten, bleibt oft

farblos und austauschbar. Die Folge: Die Anzeige löst bei den meisten Personalentscheidern eher ein Achselzucken aus als den Wunsch, mit dem Inserenten Kontakt aufzunehmen.
Ausgangspunkt und Basis der Gestaltung eines erfolgreichen Stellengesuchs sind kurze, prägnante Antworten auf die Fragen: Was bin ich? Was kann ich? Was will ich?
Ihr Stellengesuch sollte außerdem zwei Bedingungen erfüllen: Die Überschrift sollte bereits neugierig machen. Und der gesamte Text muss eine hohe Zahl von relevanten Informationen transportieren und damit seine Leser für Sie „erobern". Z. B. unter **www.stellenanzeigen.de** können sie eine solche Anzeige formulieren. So gehen Sie vor:

Schritt 1: Suchen Sie eine geeignete Internet-Seite.
Schritt 2: Nehmen Sie Stellengesuche und -angebote auf der Internet-Seite gründlich unter die Lupe.
Schritt 3: Formulieren Sie einen Text mit dichtem Informationsgehalt.
Schritt 4: Formulieren Sie eine gute Überschrift.
Schritt 5: Versetzen Sie sich in die Lage eines Personalleiters, der Stellengesuche meist nur überfliegt.

Es ist aber anzumerken, dass mit der Vielzahl an verfügbaren Onlinejobbörsen, die eine gezielte, selbstinitiierte Suche nach geeigneten Stellen stark vereinfacht (s. Seite 132), die Bedeutung von eigenen, traditionellen Stellenanzeigen tendenziell abnimmt.

Aufwand Haben Sie ein wenig Geduld. Bis zu drei Versuche sollten Sie sich schon selbst gönnen. Ein eigenes Stellengesuch lässt sich nicht in zwanzig Minuten texten. Planen Sie lieber einen ganzen Nachmittag dafür ein. Lassen Sie den Entwurf über Nacht liegen und sehen Sie ihn sich am nächsten Morgen nochmals an. Hält er Ihrem kritischen Blick stand? Dann legen Sie Ihre Anzeige einer von Ihnen ausgewählten „Prüfungskommission" zur kritischen Beurteilung vor.

Telefon und Fax

Immer noch gut verbunden

Die meisten Bewerber verlassen sich ausschließlich auf das Verfassen der Bewerbung an sich und warten anschließend ungeduldig auf eine Einladung zum Vorstellungsgespräch. Obwohl Informationen eigentlich am schnellsten und leichtesten über das Telefon weiterzugeben sind, haben viele Bewerber Hemmungen, ihre potenziellen Arbeitgeber anzurufen. Viele fürchten, nicht die richtigen Worte zu finden oder einen schlechten Eindruck zu hinterlassen.
Dabei liegen die Vorteile eines Telefonats klar auf der Hand: Durch einen Anruf kann man sich bereits in der ersten Bewerbungsphase positiv von anderen Kandidaten abheben, bevor die Bewerbungsunterlagen bewertet werden. Die meisten Unternehmen suchen kontaktfreudige und kommunikative Mitarbeiter. Ein gut vorbereitetes Telefongespräch ist also die beste Möglichkeit, die eigene Kommunikationsfähigkeit (soziale Kompetenz) unter Beweis zu stellen. Hier können Sie als Kandidat Interesse wecken und einen ersten positiven Eindruck hinterlassen.
Eine solche Aktion muss jedoch gut überlegt sein. Sie müssen immer damit rechnen, dass sich Ihr Gesprächspartner Notizen über Sie macht und deshalb sollte ein solches Telefongespräch von Ihnen unbedingt gründlich, am besten schriftlich, vorbereitet werden. Einfach nur mal so anzurufen, wäre sehr leichtsinnig.
Optimale Voraussetzungen sind ein ruhiger Ort, die richtige Zeit und die Möglichkeit, sich nebenbei Notizen zu machen. Überlegen Sie sich im Vorfeld: Wen wollen Sie sprechen, was genau fragen, was von sich mitteilen?

Informationen sammeln Bevor Sie mit Ihrer Bewerbung beginnen, sollten Sie möglichst viele Informationen über das anvisierte Unternehmen recherchieren. Schließlich wollen Sie sich als optimaler Problemlöser für genau dieses Unternehmen präsentieren.

Rufen Sie zunächst in der Telefonzentrale des Unternehmens/der Institution an. Oft wird man Sie von dort in die Öffentlichkeitsabteilung weiterverbinden. Lassen Sie sich ein Profil, eine Pressemappe oder ähnliche Unterlagen zusenden. Bei großen Unternehmen gibt es außerdem Broschüren und Mitarbeiterzeitungen für einzelne Geschäftsbereiche (denken Sie in diesem Zusammenhang auch an die Internetrecherche.

Kontakt aufnehmen Wenn in der Stellenanzeige darauf hingewiesen wird, dass Bewerber zusätzliche Informationen telefonisch erfragen können, lohnt es sich auf jeden Fall, dieses Angebot zu nutzen. Tun Sie dies nicht, ist das zwar kein Minuspunkt, aber Sie vergeben eine gute Chance, positiv auf sich aufmerksam zu machen. Wenn Sie es geschickt anstellen, kann die telefonische Nachfrage auf Ihre Person neugierig machen. Überlegen Sie sich eine intelligente Frage. Man wird Ihr Interesse schätzen und Ihren Namen „im Hinterkopf speichern". Auch wenn es in der Anzeige nicht ausdrücklich angeboten wird, dürfen Sie im Unternehmen anrufen.

Was Sie allerdings nicht erfragen sollten:

- Urlaubszeiten
- 13/14. Monatsgehalt
- andere Vergünstigungen
- Angaben, die bereits in der Anzeige stehen.

Im besten Fall wirkt Ihr Telefongespräch wie ein gut gemachter Trailer im Kino oder im Fernsehen, der in kürzester Form Werbung für einen neuen Film macht. Vielleicht schaffen Sie es, bereits während des Telefonats persönliche Sympathie bei Ihrem Gesprächspartner zu mobilisieren. Das gelingt beispielsweise, wenn man überraschend auf Gemeinsamkeiten stößt („Ach, Sie haben auch in Marburg studiert" oder „Ich war letztes Jahr auch in Barcelona"). Übertreiben Sie aber nicht, indem Sie zu vertraulich werden. Versuchen Sie mit aller gebotenen Vorsicht, eine Art „emotionale Brücke" entstehen zu lassen. Ob dies nun durch den Austausch des aktuellen Wetters („Ach, bei Ihnen scheint die Sonne, wir haben es hier leider etwas bewölkt ...") oder der Urlaubsziele geschieht: Hauptsache, Sie kommen in Kontakt, auf angenehme und leichte Weise.

Nach einem solchen Telefongespräch fällt auch der erste Satz im Anschreiben an Ihren Gesprächspartner leichter. Der kann dann ungefähr so lauten: „Vielen Dank für das informative Telefonat vom 15. März 2011. Das Gespräch hat mich darin bestärkt, mich bei Ihnen um die Position als ... zu bewerben ..."

Sollten Sie den Entscheidungsträger nicht persönlich an die Strippe bekommen und nur mit seinem Referenten oder der Sekretärin telefoniert haben, empfiehlt es sich dennoch, im Einleitungssatz Ihres Bewerbungsanschreibens darauf hinzuweisen: „Nach einem Telefonat mit Ihrem Mitarbeiter, Herrn X/Ihrer Sekretärin, Frau Y..." Höchstwahrscheinlich wird sich der Adressat in einem solchen Fall bei der genannten Person über den Anrufer erkundigen und sich deren persönlichen Eindruck schildern lassen.

Kontakt halten Belassen Sie es nicht dabei, lediglich einmal beim Wunscharbeitgeber anzurufen. Unterstreichen Sie Ihr Interesse, indem Sie am Ball bleiben und immer mal wieder nachfragen. Nicht täglich, aber alle eineinhalb bis zwei Wochen dürfen Sie sich schon melden. Eventuell schreiben Sie zwischendurch auch einmal eine E-Mail.

Bei solchen Aktionen sollte immer eine Kopie Ihrer Bewerbung griffbereit neben dem Telefon liegen, denn nach zwanzig Bewerbungen können Sie nicht mehr genau wissen, was Sie wem wie geschrieben haben. Machen Sie sich auch Notizen, wann die Kontakte stattgefunden haben. Seien Sie außerdem darauf vorbereitet, über Ihre Gehaltsvorstellung befragt zu werden. Am besten antworten Sie auf eine solche Frage nicht direkt, sondern machen deutlich, dass Sie inhaltlich (intrinsisch) motiviert sind und Geld für Sie zwar eine Rolle spielt, aber nicht die entscheidende.

Nachfassen Sie haben etwa zwei bis drei Wochen nach Versand Ihrer Bewerbungsunterlagen noch immer keine Reaktion. Jetzt wird es Zeit, höflich nachzufragen – also ohne Vorwurf in der Stimme. Manche Unternehmen legen sogar Wert auf eine solche Nachfrage und werten ein Ausbleiben als fehlendes Interesse oder mangelnde Einsatzbereitschaft.

Dranbleiben trotz Absage Allen erdenklichen Mühen zum Trotz ist die gewünschte Einladung zum Vorstellungsgespräch ausgeblieben. Dabei hatten Sie beim vorab geführten Telefonat mit den Entscheidungsträgern einen so positiven und ermutigenden Eindruck. Sie haben nun zwei Möglichkeiten, zu reagieren. Sie schreiben eine Mail/einen Brief an das Unternehmen oder Sie greifen zum Telefon. Treten Sie jedoch auf keinen Fall gekränkt auf und machen Sie den Entscheidern bitte keine Vorwürfe! Bemühen Sie sich vielmehr, das Gegenüber für sich zu gewinnen. Natürlich wäre die Absage ein guter Grund nachzufragen. Demonstrativ sollten Sie dies gleich zu Beginn Ihres Telefonats ausschließen und dadurch Ihr Gegenüber verblüffen. Dieses erwartet instinktiv, seine Entscheidung rechtfertigen zu müssen und ist, wenn Sie das Gespräch geschickt anfangen, ziemlich verblüfft.
Führen Sie mit guten Argumenten aus, was Sie für das Unternehmen tun könnten und fragen Sie eventuell auch nach anderen Einsatzaufgaben. Ihr erstauntes Gegenüber wird sich erneut mit Ihnen beschäftigen und Sie nicht selten nochmals bitten, die Unterlagen einzureichen.

Nach dem Vorstellungsgespräch Wenn Sie nach einem Vorstellungsgespräch eine Absage erhalten, dürfen Sie sich ruhig nach den Gründen erkundigen – nett und freundlich selbstverständlich, und unter keinen Umständen beleidigt. Fragen Sie nach einem persönlichen Tipp für Ihre weiteren Bewerbungen. Dafür gibt es einige Gründe. Erstens gibt jeder Mensch anderen gerne Ratschläge. Zweitens bringen Sie sich auf diese Weise noch einmal in Erinnerung und zeigen Einsatzbereitschaft und soziale Kompetenz in einer für

Sie recht schwierigen Situation. Und drittens springt vielleicht wirklich ein wichtiger Tipp für Sie heraus, der Ihnen bei weiteren Bewerbungsvorhaben gute Dienste leistet.

Sonderfall Initiativbewerbung Finden Sie heraus, welcher Gesprächspartner für Ihre Initiativbewerbung zuständig ist (Recherche im Internet oder direkt über die Zentrale). Bereiten Sie eine solche Kontaktaufnahme sehr sorgfältig vor, fassen Sie Ihr Anliegen und Ihren beruflichen Hintergrund in einigen wenigen Sätzen zusammen und üben Sie Ihren Text, bevor Sie den Anruf starten. Ihr Gesprächspartner hat bis zu diesem Zeitpunkt noch nie von Ihnen gehört und es gibt erst einmal keinen Anknüpfungspunkt.
Haben Sie den richtigen Gesprächspartner erreicht, sollten Sie als Erstes fragen, ob er in diesem Augenblick gerade Zeit für Sie hat. Wenn nicht, schlagen Sie unbedingt eine konkrete alternative Anrufzeit vor, und verabreden Sie möglichst einen festen Termin.

Beispiel
„Guten Tag Herr Cordes, mein Name ist Sven Karweit. Ich weiß, dass Ihr Unternehmen plant, die Ölpumpenserien auszubauen. Deshalb möchte ich mich gerne als Softwaretechniker bewerben. Haben Sie fünf Minuten Zeit für mich, oder passt es Ihnen besser, wenn ich Sie morgen Nachmittag wieder anrufe?“

Rückruf potenzieller Arbeitgeber

Wenn Sie sich bei einem Unternehmen beworben haben, sollten Sie immer damit rechnen, dass der potenzielle Arbeitgeber Sie anruft. Denken Sie also in dieser Phase daran, sich nicht gerade mit Ihrem Spitznamen oder sonstigen Scherzen an Ihrem Telefon zu melden. Und geben Sie diese „Warnung“ und weitere Verhaltensregeln auch an die Personen aus, mit denen Sie zusammenleben und die möglicherweise Ihren Telefonanschluss mitbenutzen.
Ist der Text auf Ihrem Anrufbeantworter seriös genug? Ihr Rolling-Stones-Lieblingsstück auf Band mag zwar Ihre Umgebung als urei-

gensten Ausdruck Ihrer Persönlichkeit erfreuen – künftige Arbeitgeber halten so etwas eher für eine Zumutung.
Gezielte Überraschungsanrufe bieten gewieften Personalchefs die Möglichkeit, durch Reaktion und Hintergrundgeräusche einen Einblick ins häusliche Leben zu gewinnen. Ziehen Sie sich, wenn es gerade etwas laut und hektisch ist (laute Kleinkinder, kläffende Haustiere, Musik etc.), in eine ruhige Ecke zurück. Sorgen Sie dafür, stets alle nötigen Unterlagen in Reichweite zu haben. Nichts ist peinlicher, als wenn Sie nicht mehr wissen, worum es eigentlich geht, und welcher Arbeitgeber unter all den von Ihnen angeschriebenen sich gerade meldet!

Fax

Die Faxbewerbung enthält in der Regel nur die persönlichen Kurzinformationen über den Bewerber und das damit verbundene Angebot, dem Empfänger die vollständigen Unterlagen zukommen zu lassen. Auf diese Weise spart sowohl der Bewerber als auch der potenzielle Arbeitgeber Zeit und die Kosten halten sich im Rahmen. Es ist eher unüblich und auch nicht empfehlenswert, die kompletten Unterlagen per Fax zu schicken. Da Ihnen nur eine bis zwei Seiten zur Verfügung stehen, kommt es auch hier auf eine gut getextete prägnante Botschaft an, die grafisch ansprechend umgesetzt werden sollte. Verfassen Sie also ein prägnantes Anschreiben und verwenden Sie die zweite Seite für Ihren Lebenslauf, der nur die wichtigsten und aktuellsten Daten enthält. Als Beispiel zeigen wir Ihnen die Fax-Bewerbung von Anna-Maria Schlüter, die sich auch wunderbar als PDF für eine E-Mail-Kurzbewerbung eignet:

Anna-Marie Schlüter · Hertzstraße 44 · 44579 Castrop-Rauxel

Goldschmiede Unikat
Herrn Otto Schmarge
Parkallee 15
44121 Castrop-Rauxel

6. März 2011

Bewerbung um einen Ausbildungsplatz als Goldschmiedin

Sehr geehrter Herr Schmarge,

ich möchte Sie gern auf jemanden aufmerksam machen: auf mich.

Wer ich bin? Anna-Marie Schlüter heiße ich, besuche zurzeit die 12. Klasse des Sophie-Scholl-Gymnasiums und bin 18 Jahre alt. Mitte Juni nächsten Jahres werde ich dort mein Abitur machen.

Was ich will? Ich wünsche mir einen Ausbildungsplatz als Goldschmiedin in Ihrem Unternehmen.

Was ich kann? Erste Eindrücke in diesem interessanten Beruf habe ich bereits bei einem zweiwöchigen Praktikum im Sommer 2011 sammeln können. Das hat meinen Berufswunsch noch verstärkt.
Zu meinen Stärken zählen mein handwerkliches Geschick und meine künstlerische Ader. Seit Jahren fertige ich mit großem Engagement Schmuckstücke für Freundinnen und mich an.
Ich würde sehr gern lernen, mit Edelmetallen zu arbeiten. Besonderen Spaß bereiten mir Ansteckbroschen und Ohrringe.
Außerdem bin ich sehr kontaktfreudig, sodass mir auch die Beratung der Kunden große Freude machen würde.

Gerne sende ich Ihnen weitere Unterlagen zu. Selbstverständlich stehe ich Ihnen jederzeit für ein persönliches Gespräch zur Verfügung.

Mit freundlichen Grüßen

Anna-Marie Schlüter geb. 22.02.1993
Hertzstraße 44
44579 Castrop-Rauxel
Tel. 02305 6567693

L	**eidenschaft:**	**Schmuck**
E	**rfahrungen:**	**Goldschmiede-Praktikum im Sommer 2010**
B	**erufswunsch:**	**Goldschmiedin**
E	**ltern:**	**Dr. med. Erich Schlüter, Internist** **Gesa Schlüter, geb. Orth, Lehrerin**
N	**otendurchschnitt:**	**2,2**
S	**chulabschluss:**	**Abitur, Sommer 2012**
L	**ieblingsfächer:**	**Werken, Kunst und Musik**
A	**ußerschulische Interessen:**	**Schmuck anfertigen, Eishockey und Gitarre spielen**
U	**nd sonstige Interessen:**	**Mitarbeit in der Jugendgruppe Castrop-Rauxel Nord**
F	**remdsprachen:**	**Englisch, Französisch**

Castrop-Rauxel, 6. März 2011

Stellensuche im Internet

Virtuelle Stellenbörsen

Virtuelle Stellenbörsen lenken die sonst übliche Anzeigenflut sozusagen in ein übersichtliches Kanalsystem und bieten dem Stellensuchenden in den meisten Fällen eine klar strukturierte Seite, in der er über eine eigene Suchmaske über eine Stichwort-Funktion schnell und unkompliziert die für ihn geeigneten Stellen angezeigt bekommt. Dabei kann er gleichzeitig nach Branchen, Regionen, Art der Stelle und Hierarchiewünschen, mit Führungsposition oder ohne suchen. Ebenso unkompliziert kann man so auch nach Jobs aus dem Ausland „fahnden".

Viele Stellenbörsen liefern mittlerweile noch erweiterte Dienstleistungen, die über die eigentliche Funktion des Vermittelns zwischen Arbeitgeber und Arbeitnehmer hinausgehen. In Kooperation mit Experten (wie z. B. auch dem Büro für Berufsstrategie) liefert die Stellenbörse ihren Besuchern Wissenswertes rund um die Bewerbung – beispielsweise zu den Themen „Berufswahl", „Lebenslauf", „perfektes Anschreiben", „Vorstellungsgespräch" etc. In einer Art Pool werden komplette Bewerberprofile gespeichert, auf die potenzielle Arbeitgeber jederzeit Zugriff haben. Sie können sich dann über die Stellenbörse mit dem Bewerber in Verbindung setzen. Sie als Bewerber erhalten in einwöchigen oder täglichen Newsletter-Mails Stellenangebote zugeschickt, die auf Ihr Profil passen.

Die Bewerberprofile in einer Stellenbörse sind verschlüsselt und nur durch ein Passwort einzusehen. Änderungen können Sie schnell und unproblematisch vornehmen. Diese Möglichkeit sollten Sie als Bewerber dringend nutzen, um mit Ihrer Bewerbung immer auf dem neuesten Stand zu sein. Alle positiven Veränderungen in Ihrer beruflichen Vita (wie z. B. der Erwerb eines Weiterbildungszertifikats) erhöhen schließlich Ihre Chancen.

Die Aufmachung der Stellenanzeigen ist unterschiedlich. So gibt es Stellenbörsen, die lediglich die Printversion einer Anzeige ins Netz setzen. Andere Stellenbörsen übertragen die Daten und Wünsche

der Arbeitgeber in ihr eigenes Layout.
Sehr wichtig ist der Button „Hier online bewerben" oder ähnlich. Ein Bewerber wird auf diese Weise direkt auf ein Onlineformular geleitet, mit dessen Hilfe er sich unmittelbar – sozusagen von der Stellenanzeige weg – auf eine interessante Stelle bewerben kann.
Um die Dienstleistungen der Online-Stellenbörsen nutzen zu können, müssen Sie sich meist erst einmal registrieren. Nachdem Sie wahlweise Ihren Namen oder Ihre ganze Adresse samt Telefonnummer und E-Mail-Adresse angegeben haben, erhalten Sie in vielen Fällen ein Passwort oder eine Registrierungsnummer.
Einen Überblick über die Links zu den wichtigsten Stellenbörsen und zu den Stellenbörsen-Suchmaschinen finden Sie auch unter **www. berufsstrategie.de.**

Die wichtigsten Online-Stellenportale	Zeitarbeitsfirmen	Europäische Stellenmärkte
www.arbeitsagentur.de www.stellenanzeigen.de www.stellenmarkt.de www.stellenboersen.de www.cesar.de www.jobpilot.de www.jobware.de www.job-office.de www.jobs.zeit.de www.jobinteractive.de www.jobrobot.de www.stepstone.de www.monster.de www.evita.de	www.manpower.de www.randstad.de	www.cadresonline.com (Frankreich) www.job-consult.com (Europa) www.jobmonitor.com (Österreich) www.jobserve.com (UK) www.jobsite.co.uk (Europa)

Nachdem es mittlerweile eine schier unübersehbare Zahl an Stellenbörsen gibt, existieren nun sogenannte Meta-Suchmaschinen, die in mehreren Suchmaschinen nach den für den Bewerber geeignetsten Stellen suchen. Dazu gehören z. B. **www.stellenboersen.de** oder **www.cesar.de**. Die Metasuchmaschine **www.evita.de** durchsucht über 15 Stellenbörsen gleichzeitig. Cesar durchsucht 20 deutschsprachige Suchmaschinen, verfügt über ein Job-Link-Verzeichnis mit einer Vielzahl Links zu den Themen Jobs für Selbstständige, Stellenbörsen der Behörden, Verbände und Institutionen, Jobs für Freelancer und für Projektarbeit, für Medien, aber auch für sog. Xtra-Jobs wie Testverkäufer, Skilehrer und so weiter.

Neben diesen großen Stellenbörsen haben sich allerdings auch viele Stellenbörsen etabliert, die ausschließlich branchenbezogen arbeiten. Spezielle Links für Ingenieure, Berater, Führungskräfte und Akademiker, für Angestellte aus Gastronomie und Hotelfach, Handel, medizinische Berufe, für den ökologischen Bereich und andere finden Sie unter **www.berufsstrategie.de**.

Für Ingenieure	www.ingenieurkarriere.de
Für Berater	www.consultants.de
Für Führungskräfte und Akademiker	www.jobware.de
Für Gastronomie und Hotelfach	www.hotel-jobguide.de www.gast-job.de www.hotel-career.de
Für den Handel	www.jobs-im-handel.de
Für medizinische Berufe	www.medizinische-berufe.de
Für den ökologischen Bereich	www.greenjobs. de

Links gibt es auch für alle, die sich für Nebenjobs interessieren, und Zeitarbeitsjobs lassen sich ebenfalls im Internet finden. Auch Menschen mit Behinderungen können jetzt auf eine auf ihre Belange zugeschnittene Suchmaschine und Stellenbörse zurückgreifen.

Selbst in diesem branchenbezogenen Bereich gibt es eine verblüffend detaillierte Meta-Suchmaschine – die der Arbeitsagentur. Hier gibt es für alle Branchen von A bis Z Links zu den entsprechenden Stellenbörsen.

Nebenjob:	www.nebenjob.de
Zeitarbeitsjobs:	www.marktplatz-zeitarbeit.de
Menschen mit Behinderungen:	www.myhandicap.de
Arbeitsagentur:	www.arbeitsagentur.de

Auch wer sich ins Ausland bewerben will, kann zahlreiche Job-Plattformen nutzen:

› Stellen- und Ausbildungsangebote in Europa: http:// europa.eu/eures/
› Informationen, Veranstaltungstermine rund um das Thema „Ausland“ und Jobbörsen im Ausland: www.ba-auslandvermittlung.de/
› Internationale Jobsuche auf den Seiten der großen Online-Jobbörsen (mit Bewerbungstipps) http://international.monster.de/ www.stepstone.de/home_fs. cfm www.stellenboersen.de/stellenboersen/international/
› Tipps zum Bewerben im Ausland www.online-bewerbung.org www.bewerbungs-tipps.com

In Zeiten akuten Fachkräftemangels fällt eine Stellenbörse durch ihre Vermittlungsmethode ganz besonders auf. Jobleads (**www.jobleads.de**) ist eine Jobbörse für akademische Führungskräfte. Der besondere Clou sind die relativ strengen Aufnahmekriterien von Mitgliedern: Sie erfolgt erst nach eingehender Prüfung des Interessenten – eine sehr gute akademische Ausbildung, ein karriereorientierter Lebenslauf und ein gutes Netzwerk sind die Aufnahmebedingungen. Erwartet werden von den Unternehmen, die ihre Jobs dort einstellen, Empfehlungen der Mitglieder untereinander. Ein erfolgreicher Tippgeber profitiert – je nach Stelle erhält er nach erfolgreicher Stellenbesetzung eine Prämie von 2 000 bis 20 000 Euro.

Das virtuelle Stellengesuch

Obwohl die richtige Stellenbörse schnell gefunden ist, kann es immer noch passieren, dass kein Job im Netz ist, der genau auf Ihre Kompetenzen passt. Sie können Ihren Arbeitgeber dann über Ihr eigenes Stellengesuch finden.

Bei Online-Stellenmärkten ist jedoch zu beachten, dass Gesuche nicht immer kostenlos sind. Manchmal gehören sie zu einer Art Konto oder Account, das kostenpflichtig ist. Darauf wird jedoch hingewiesen. Es empfiehlt sich also, die betreffende Seite genau zu studieren.

Sie sollten außerdem darauf achten, dass Ihnen Ihre Anonymität garantiert wird. Ihre Daten sind ausschließlich für Sie und die Betreiber der Stellenbörse gedacht. Selbst der interessierte Arbeitgeber erfährt diese nicht. Er wendet sich an die Stellenbörse, die Ihnen wiederum eine E-Mail mit dem Stellenprofil und den Kontaktdaten zuschickt. Sie entscheiden dann, ob Sie sich melden wollen. Zum guten Ton gehört es übrigens, der Stellenbörse mitzuteilen, wenn Sie eine geeignete Stelle gefunden haben. Ihr Gesuch kann dann gelöscht werden. Unnötige Vermittlertätigkeiten erübrigen sich auf diese Weise.

Um Zeit und Geld zu sparen, informieren Sie sich am besten vor der Schaltung Ihres Gesuchs, welche Stellenbörse für Ihren Berufszweig die richtige ist, sprich: wo sie von möglichst vielen, infrage kommenden potenziellen Arbeitgebern gelesen wird. Nehmen Sie sich die Zeit und studieren Sie die Anzeigen vor allem auf ihr Einstelldatum hin. Ob sie immer aktuell sind, erkennen Sie daran, dass diese Stellenbörse Wert auf Aktualität und Verlässlichkeit legt. Außerdem bekommen Sie auf diese Weise ein Gespür dafür, welche Anzeige Sie anspricht und welche nicht, können sich so in Ihrem eigenen Text danach orientieren. Aussagekräftig, was die Beliebtheit einer Stel-

lenbörse bei den Usern betrifft, sind auch immer die Besucherzahlen der Seiten (wenn es sie gibt), wobei dazu gesagt werden muss, dass nicht unbedingt immer die Masse die Klasse macht.
Ebenso wie im Printbereich ist es auch hier lohnenswert, in mehreren Stellenbörsen die Anzeige zu schalten. Manche sind, ähnlich einer Kooperation, miteinander verlinkt. Das bekommen Sie aber relativ schnell heraus, wenn Sie beim Anklicken einer Seite auf der Seite der Partnerbörse landen.
Um positiv aufzufallen, sollten Sie sich an einige Regeln halten:
Das Gesuch sollte

- so knapp wie möglich
- so informativ wie möglich
- so ansprechend wie möglich

formuliert sein.

Die Überschrift beinhaltet in den meisten Fällen die momentane berufliche Position (bzw. die der letzten Arbeitsstelle oder die generelle Berufsbezeichnung).
Der eigentliche Text enthält Ihre Qualifikationen, Ihre für den Job wichtigsten Eigenschaften, Ihre Erfahrungen und wie Sie sich Ihren nächsten Job vorstellen. Trotz dieses „Knappheitsgebots" muss eine Stellenanzeige deswegen noch lange nicht langweilig wirken, müssen Schlagwörter nicht einfach nebeneinander aufgereiht werden. Eine Formulierung wie „Wenn Sie auf der Suche nach einem ... sind, haben Sie in mir jemanden gefunden, der genau das seit sechs Jahren mit ungebrochener Begeisterung betreibt – und gerne auch für Sie." bringt Ihre Qualifikationen auf eine unkonventionelle und doch seriöse Art zur Geltung. Ein Verweis auf Ihre Bewerber-Homepage (s. Seite 101) kann die Attraktivität Ihrer Anzeige noch steigern. Mit nur einem Klick kann sich der Personaler davon überzeugen, ob sein erster Eindruck auch den Tatsachen entspricht. Das braucht sicher seine Zeit, aber sie wird sich auszahlen, denn Personaler sehnen sich geradezu nach Abwechslung im Anzeigeneinerlei. Die Chancen, mit einer etwas anders formulierten Anzeige ein Angebot

zu bekommen, ist so relativ hoch – vor allem, wenn sie den Eindruck erweckt, ihr Schreiber hätte sich wirklich Gedanken gemacht.
Zeit sollten Sie sich auch beim Durchsehen Ihrer Anzeige lassen. Denn sehr schnell schleichen sich Tippfehler ein, die selbst nach nochmaligem Durchlesen für Sie nicht erkennbar sind. Lesen Sie den Text lieber einen Tag später in Ruhe durch und schicken Sie ihn dann erst ab. So können Sie zu hundert Prozent dahinterstehen.
Wichtig ist hier, wie bei anderen Bewerbungsformen auch, die richtige Balance zwischen Selbstbewusstsein und Übertreibung zu finden. Marktschreierei empfiehlt sich genauso wenig wie zu viel Understatement oder eine Quasi-Entschuldigung, sich beworben zu haben. Eine „kesse Lippe" ist jedoch nicht verboten.

Was unterscheidet Lebenslauf und Profil?

Virtuelle Stellenbörsen bieten meist die Möglichkeit, einen Lebenslauf bzw. ein Profil in ihre Bewerberdatenbank einzustellen. Verlangt ein Arbeitgeber ein Profil von Ihnen, möchte er damit weit mehr als einen bloßen Lebenslauf. Während der Lebenslauf lediglich Eckpunkte Ihrer Karriere markiert (2007 bis 2011 Leitung des Ausstellungsprojekts XY am YZ-Museum), geht das Profil näher auf Details ein: auf Ihren genauen Aufgabenbereich, die Qualifikationen, die Sie sich währenddessen erworben haben, (in wirtschaftlichen Bereichen) die finanziellen Erfolge, die Sie erzielen konnten, die Kunden, die durch Sie akquiriert wurden etc. Der Übersichtlichkeit wegen sind diese Profile meist in Tabellenform aufgeschrieben. Ein sog. Kompetenzprofil (s. Seite 176) bringt Ihre Qualifikationen noch einmal auf den Punkt, indem Sie sie selbst einschätzen (sehr erfahren, erfahren, Grundkenntnisse etc.). Ein solches Profil sollte natürlich immer auf dem neuesten Stand gehalten werden und inhaltlich den jeweiligen Unternehmen angepasst sein.

Die notwendigen Vorgänge, um ein solches Profil in eine Stellenbörse einzubinden, sind je nach Stellenbörse unterschiedlich. Bei **www.jobrobot.de** wird der Bewerber nach seiner Adresse und Mailadresse befragt, und ob die Anonymität seiner persönlichen Daten erwünscht ist. Nach der Benennung eines frei wählbaren Kennworts und der Eingabe einer ständig wechselnden Zahl, um den Spamschutz zu sichern, wird der Bewerber nun nach seinen Stellenwünschen und Tätigkeitsfeldern gefragt (mit dem Hinweis, dass diese Daten veröffentlicht werden). Im eigentlichen Gesuchsfeld mit Titelzeile formuliert dann der Bewerber den Text, der später in der Stellenbörse zu lesen sein wird. Im Anschluss werden im „Anklick"-Verfahren Studium, Berufserfahrung, Führungserfahrung, Fremdsprachenkenntnisse, Gehaltsvorstellung, Mobilität und Verfügbarkeit etc. erfragt.
Bei **www.stellenanzeigen.de** bleibt der Lebenslauf anonym, und es ist dem Bewerber selbst überlassen, sich auf das Angebot eines Arbeitgebers zu melden.

Profile auf Firmenhomepages

Viele Firmenhomepages bieten Ihnen an, Ihr Berufsprofil auf deren Internetseite zu hinterlegen. Diese Profile werden nach entsprechenden Kriterien technisch ausgewertet, bei Bedarf nehmen die Firmen mit dem Bewerber Kontakt auf.
Sie bewerben sich somit initiativ, aber immer auch „auf Vorrat". Ursprünglich sollte diese Bewerbungsmethode den Ansturm von unzähligen Bewerbern kanalisieren und auf diesem Wege bestimmte Kandidaten aussieben. Es gibt deshalb spezielle, unbedingt zu erfüllende Kriterien, die – in der Logik der Firmen – interessante Bewerber von den weniger interessanten trennen. Es ist jedoch recht fraglich, ob mithilfe von technischen Bewertungsverfahren am Ende auch immer die besten Kandidaten zum Personalchef weitergeleitet werden. Machen Sie sich dies bewusst und nutzen Sie bei solchen Firmen parallel auch andere Formen der Bewerbung.

Die Kunst beim Ausfüllen der berufsbezogenen Punkte besteht darin, seine eigene Persönlichkeit für andere schnell und gut erkennbar werden zu lassen, also die richtige Mischung aus „angepasstem" Ausfüllen und individueller Präsentation zu finden. Dies ist in der Regel bei der Eingabe von freien Texten unter der Bezeichnung „Sonstiges" oder „Wollen Sie uns noch etwas mitteilen?" möglich (s. a. Texte für die Dritte Seite, Seite 80).

Vergessen Sie nicht, die eingegeben Daten zu sichern oder einen Ausdruck für sich zu erstellen. Damit sind Sie auf der sicheren Seite, wenn im Vorstellungsgespräch die Rede auf Details kommt. Teilweise ist es auch möglich, dass Sie eigene Dokumente hochladen können. Dies ist Ihre Chance, sich abseits von standardisierten Eingabemasken individuell zu präsentieren. Nutzen Sie dies!

Jobbörsen im Vergleich

Die steigende Akzeptanz des Internet für die Stellensuche lockt natürlich immer mehr neue Stellenbörsen auf den virtuellen Markt. Ob regional, überregional oder gar international, branchenspezifisch oder branchenübergreifend, hierarchisch orientiert oder Jobs für jeden Positionswunsch – eine steigende Anzahl von Stellenbörsen versucht zu bieten, was das Herz des Bewerbers begehrt. Onlinestellenbörsen brauchen also – ähnlich wie Sie, liebe Leserin, lieber Leser, ein geschärftes Profil und unschlagbare Vorteile (der Fachbegriff dafür ist USP!), um einen Bewerber für sich zu gewinnen.

Ein entscheidender Wettbewerbsvorteil ist dabei die gebotene Qualität. Hinzu kommt: Je größer das Angebot, desto mehr stellt sich die Frage, welche Stellenbörse am effektivsten den individuellen Bedürfnissen ihrer Nutzer entgegenkommt.

Dazu muss erst einmal geklärt werden, welche Kriterien eine Online-Stellenbörse erfüllen muss, um als qualitativ hochwertig zu gelten. Die Stellenbörse stellenanzeigen.de veröffentlichte im

März 2008 das Ergebnis ihrer Studie zur Bedeutung von Onlinestellenbörsen bei der Jobsuche. Neben dem fast zu erwartenden Ergebnis, dass 90 Prozent der 1 000 Befragten sich auch über das Internet über offene Stellen informieren, liefert die Studie zudem die Antwort auf die Frage, was Bewerbern an einer Onlinestellenbörse wichtig ist. Das Ergebnis: Für 85 Prozent ist die Aktualität der Stellenanzeigen von besonderer Bedeutung, für jeweils 78 Prozent sind passende Anzeigen aus ihrem Tätigkeitsfeld und aus ihrer Region wichtig. Die Hälfte aller Befragten plädierte für eine „hohe Anzahl von Stellen".

Nach der Monster-Studie „Bewerbungspraxis 2011" sind für 66,8 Prozent von rund 10 200 befragten Stellensuchenden die Onlinestellenbörsen die häufigsten Anlaufstellen. Viele der Befragten (44 Prozent) rechneten sich über diesen Weg auch die meisten Chancen aus, bei der Suche nach einem neuen Job fündig zu werden. Fündig werden wollen momentan viele Arbeinehmer, die bereits einen Job haben. Sechs von zehn sind aktuell wechselwillig. Ein Drittel plant eine Kündigung ihrer bisherigen Stelle. Immer mehr zum Trend wird es, gefunden zu werden als selbst zu suchen. Vier von zehn Bewerbern nutzen die Lebenslaufdatenbanken der Onlinestellenbörsen, sechs von zehn Bewerbern stellen ein Profil in Social Media-Netzwerke wie z. B. XING, um potentielle Arbeitgeber auf sich aufmerksam zu machen (Quelle: **http://arbeitgeber.monster.de/hr/personal-tipps/markte-analysen/studien/bewerbungspraxis-2011-QA081686.aspx**).

Dieses Ergebnis ist nicht wirklich überraschend. Wesentlich genauer beschäftigt sich die jährliche Studie der FH Koblenz von Prof. Christoph Beck mit den Qualitätsunterschieden bei den gängigen Stellenbörsen. Untersucht werden Fragen wie z. B., welche Unternehmen auf welcher Jobbörse hauptsächlich ihre Anzeigen schalten (DAX-und Nicht-DAX-Unternehmen, Zeitarbeitsfirmen, Personalberatungen und Privatpersonen). Für Sie als Bewerber ist ein solches Ergebnis wichtig. Denn so wissen Sie, wo Sie voraussichtlich am schnellsten auf Ihr Wunschunternehmen treffen.

Zweites großes Thema ist die Matching-Qualität, sprich: die Passgenauigkeit des gesuchten Stellenprofils auf die gelieferte Stellenanzeige bei den Stellenbörsen. Letzteres wurde pro Stellenbörse anhand von rund 500 Stellenanzeigen mithilfe von 20 ausgewählten Tätigkeitsbereichen getestet (z. B. Sekretärin, Finanzbuchhalter, Konstrukteur, Assistent etc.).
Die Verteilung der geschalteten Stellenanzeigen nach Postleitzahlen auf die einzelnen Stellenbörsen ist für die Tester ebenso von Interesse wie die Frage, welche Berufsgruppen auf welcher Jobbörse am ehesten fündig werden.
Die aktuelle Untersuchung stammt aus dem Zeitraum November 2010 bis Januar 2011. Getestet wurden fünf Jobbörsen: Monster, Jobscout24, Jobware, StepStone, und Stellenanzeigen.de.
Die Ergebnisse: DAX-Unternehmen suchen am häufigsten bei Jobware nach neuen Mitarbeitern (23,8 Prozent), Nicht-DAX-Unternehmen mit 77,2 Prozent bei StepStone, Zeitarbeitsunternehmen bevorzugen Monster (39,9 Prozent). Personalberatungen sind am häufigsten auf Jobscout24 und auf StepStone vertreten (13,4 bzw. 9,5 Prozent). Nimmt man alle Jobbörsen zusammen, stammen die meisten geschalteten Stellenanzeigen aus dem Süden Deutschlands. Dies mag ein Indikator für eine bessere wirtschaftliche Lage sein (Quelle: „Jobbörsen im Vergleich 2011“ Download unter **http://www.fh-koblenz.de/Prof-Dr-Christoph-Beck.beck.0.html**).

Wer findet wo am schnellsten, was er sucht?

Technische Berufe und Stellen des Ingenieurswesens werden am häufigsten auf Arbeitsagentur.de ausgeschrieben, Fachleuten aus der Telekommunikationsbranche und der Informationstechnologie bietet StepStone die größte Auswahl, Jobs aus Marketing, Vertrieb und Medien sind am ehesten auf Jobpilot und Monster zu finden. Wer Stellen im Bereich der Business Administration sucht, ist am besten bei Stellenanzeigen.de und Jobscout24 aufgehoben, Finanzdienstleister bei Jobpilot und Monster. Im Bereich Consulting/Aus-

bildung/Training hat Jobware am meisten Auswahl zu bieten. Wer eine Führungsposition sucht, wird am schnellsten bei Jobware und StepStone fündig. Auch für Spezialisten und sog. Professionals ist Jobware der ideale Platz zum Suchen, gefolgt von Stellenanzeigen.de und StepStone. Stellen für Sachbearbeiter sind bevorzugt bei Jobscout24 zu finden, gefolgt von Jobpilot und Monster. Facharbeiter sind dagegen am besten bei der Arbeitsagentur aufgehoben. Jobs an freier Mitarbeit, Ausbildungsplätze und Trainee-Stellen haben keine der genannten Stellenbörsen im Übermaß zu bieten.
In puncto Passgenauigkeit der Stellenanzeigen auf das gesuchte Profil über die Schnellsuche ist die Stellenbörse Jobware laut einer Studie der FH Koblenz mit 92 Prozent Trefferquote am besten. Das bedeutet, dass lediglich acht von 100 Suchen einen unpassenden Treffer erzielen. Die komplette Studie, die regelmäßig unter Prof. Dr. Christoph Beck durchgeführt wird, finden Sie unter **www.fhkoblenz.de/Prof_Dr_Christoph_Beck.beck.0.html.** Wer sich auf die subjektive Einschätzung der Qualität von fachlich versierten Bloggern verlassen möchte, findet im Internet auch lobende oder kritische Bemerkungen zu alten Börsen und neuen Portalen. Genaueres über fachlich versierte Blogger finden Sie unter „Blogs“ (S. 201) in diesem Buch.

Arbeiten.de – die erste gewerbliche Stellenbörse

Onlinejobbörsen erwecken häufig den Anschein, es gehe hauptsächlich um Führungspositionen oder um Verwaltungsstellen. Dies ändert die erste gewerbliche Onlinestellenbörse **www.arbeiten.de**, eine Kooperation der Jobbörse StepStone und der BILD-Zeitung.
Anstoß zu dieser Idee lieferte eine Untersuchung, nach der zwei Drittel der Deutschen mit mittlerem Bildungsabschluss das Internet an mindestens fünf Tagen in der Woche nutzt. Gleichzeitig steigt die Nachfrage nach fähigen Kräften auf dem gewerblichen Arbeitsmarkt. Arbeiten.de verbindet diese Fakten und bietet eine Plattform, auf der ausschließlich Jobs zu finden sind aus den Berei-

chen Hotel, Gastronomie, Sozial- und Pflegewesen, technische Jobs, Bau, Handwerk, Verkauf, Büro, Hilfs/Nebenjobs etc. Für jeden Dienstag können Arbeitgeber, die ihre Stellenangebote auf Arbeiten.de schalten, zusätzlich eine Veröffentlichung auf der Internetversion von BILD dazu buchen. Bewerber hinterlegen ihr Suchprofil, verbunden mit der Möglichkeit, sich per SMS über mögliche Interessenten informieren zu lassen. Nach eigenen Angaben hat arbeiten.de bereits über 250 000 Besucher monatlich, entwickelt sich also zu einer echten Alternative auf dem Arbeitsmarkt.

Sicherheit im Netz

Das Internet gilt mittlerweile als sehr sicher, was die Übermittlung von Daten anbelangt. Onlinebanking gehört ebenso zum Alltag, wie die immer zahlreicheren Ein- und Verkäufe zeigen, die tagtäglich über das Internet abgewickelt werden. Selbst Dateien mit hochbrisantem Inhalt schickt man bedenkenlos über die Datenleitungen.
Dennoch haben immer noch genügend Menschen Bedenken, ihre vertraulichen Daten, wie sie eine Bewerbung nun einmal enthält, online zu verschicken. Die Angst vor Datenmissbrauch während des Transfers ist groß, auch die Frage, was mit den Daten innerhalb des betreffenden Unternehmens geschieht, bleibt bei vielen offen.
Und selbst die Firmen verspüren mit steigender Internetbeliebtheit den Wunsch, sich abzusichern – beispielsweise gegen falsche Bewerbungen.
Alle Themen, die den Datenschutz betreffen, sind durch das Bundesdatenschutzgesetz (BDSG) geregelt. In Absatz 1 steht: „Zweck dieses Gesetzes ist es, den Einzelnen davor zu schützen, dass er durch den Umgang mit seinen personenbezogenen Daten in seinem Persönlichkeitsrecht beeinträchtigt wird." Personenbezogene Daten sind „Einzelangaben über persönliche und sachliche Verhältnisse einer bestimmten oder bestimmbaren natürlichen Per-

son.“ (§3 Absatz 1 BDSG). Gemeint sind damit alle Daten, durch die sich Rückschlüsse auf eine ganz bestimmte Person ziehen lassen – wie z. B. Geburtsdatum, Adresse, Kontonummer, Kfz-Kennzeichen etc.
Personenbezogene Daten dürfen nicht verwendet werden – es sei denn, die betreffende Person stimmt ausdrücklich zu oder es gibt eine gesetzliche Grundlage für einen solchen Vorgang (beispielsweise in einem juristischen Zusammenhang) (§13 Absatz 2 ff. BDSG).
Diese Regelung ist die Grundlage für jedwede Übermittlung persönlicher Daten im Netz. Jede Übermittlung ist verknüpft mit einer Datenschutzbestimmung, die es zu akzeptieren gilt. Darin versichert man sein Einverständnis, seine Daten speichern und verwenden zu lassen bzw. sie sogar gegebenenfalls an Dritte weiterzugeben. Der Empfänger der bestätigten Datenschutzbestimmung sichert sich seinerseits dagegen ab, dass er keine gefälschten Daten erhält.
Die Datenschutzbestimmung ist ein wichtiger Bestandteil der Onlinebewerbung. Die Onlinewerbung selbst unterliegt der Gestaltung des jeweiligen Unternehmens. Deswegen ist es ihm auch überlassen, ob die Datenschutzbestimmung unterschrieben sein muss, bevor der Bewerber überhaupt zum Onlineformular gelangt.
Wie überall im Netz werden die Daten verschlüsselt übertragen. Dies geschieht über eine SSL (= Secrets Sockets Layer), auch als 128-Bit-Verschlüsselung bezeichnet. Erkennbar ist eine verschlüsselte Internetadresse über das angehängte kleine „s“ hinter dem „http“ der Adresse. Zudem findet sich am rechten Rand der Adresszeile ein kleines Schloss als Sicherheitssymbol. Es wird jedoch immer weiter an der Sicherheit im Netz gearbeitet. Mittlerweile gibt es die Verschlüsselung über das Extended-Validation-Zertifikat. Sie ist z. B. Teil der Internet-Explorer-Version 7 und zeigt durch die Farbe der Adresszeile an, wie sicher die gerade eingegebene ist. Sie wird durch einen sogenannten Trustcenter geprüft. „Grün“ bedeutet „sicher“, „rot“ bedeutet Phishing-Gefahr, sprich Gefahr des Datendiebstahls. Die neue Version 3 des Internetbrowsers hat am linken

Rand der Adresszeile ein Symbol installiert, das dem Nutzer permanent das von einem Trustcenter vergebene Sicherheitszertifikat für die Seite anzeigt. So kann sich der Nutzer jederzeit davon überzeugen, ob er sich im Moment sicher im Netz bewegt.
Eine Selbstverständlichkeit ist der Einsatz eines Passworts. Einige Onlineformulare bieten an, selbst ein Passwort einzugeben, das nochmals bestätigt werden muss, einige geben ein Passwort vor, das man nach der Registrierung an seine E-Mail-Adresse zugeschickt bekommt. Zusätzlich gibt es auf manchen Seiten einen ständig wechselnden Code, den es einzugeben gilt.
Um zu gewährleisten, dass die Daten sicher beim zuständigen Ansprechpartner ankommen, ist die richtige Adresse sehr wichtig. Zum Sicherheitsstandard jedes Unternehmens gehören sogenannte Firewalls, die den Datenverkehr vor dem Zugriff von Hackern, vor Spam-Müll etc. bewahren. Mails an die Adresse „info@…" laufen in vielen Fällen Gefahr, in der Firewall hängenzubleiben oder direkt im virtuellen Papierkorb zu landen. Deswegen empfiehlt es sich, über einen kurzen Anruf die passendere Adresse herauszubekommen.

Tipp

Sollten Sie nach Versenden eines Onlineformulars oder Ihrer E-Mail nach 5 bis 10 Tagen nichts gehört haben, empfiehlt sich ein Anruf beim Unternehmen, ob Ihre Unterlagen überhaupt angekommen sind. Denn technische Probleme wie ein Serverabsturz innerhalb des Unternehmens sind nicht auszuschließen und bereits des Öfteren vorgekommen. Die Daten der Bewerber waren verschwunden, der Bewerbungsprozess konnte nur fortgesetzt werden mit den Bewerbern, die sich per Telefon rückversichert hatten.

E-Bewerbungswege

Die E-Mail-Bewerbung

Inhaltlich betrachtet unterscheiden sich per Internet verschickte Unterlagen nur wenig von klassischen schriftlichen Bewerbungen. Bei beiden Varianten gelten die gleichen Erfolgskriterien, bzw. wird mit der richtigen Vorbereitung die Basis für eine überzeugende Ansprache des potenziellen neuen Arbeitgebers gelegt. Fragen Sie sich zunächst: Welche konkreten Geschäftsfelder hat die Firma? In welcher Form kann ich dort meine Kompetenzen bestmöglich einbringen? Wie kommuniziere ich mein berufliches Profil erfolgreich?
Diese Punkte gilt es generell im Vorfeld zu klären, erst dann sollten Sie sich mit dem Verfassen und der Zusammenstellung der digitalen Unterlagen beschäftigen. Und, ganz klar, an dieser Stelle wird von Ihnen eine gewisse technische Kompetenz verlangt.
Leider scheitern gerade hier jedoch viele Kandidaten, weshalb aus Personalabteilungen häufig verzweifelte Klagen über die Flut unzulänglicher elektronischer Bewerbungen zu hören sind. Es gibt viele Fehlerquellen, die den Bewerber von vornherein in einem schlechten Licht erscheinen lassen. Zu den typischen Fehlern der E-Mail-Bewerbung zählen:

- E-Mails samt Anhängen werden wahllos an viele Adressen verschickt.
- Die Bewerbungen beziehen sich nicht auf spezielle Inserate.
- Bewerber lassen oftmals jegliche Formalität außer Acht.
- Die Dokumente enthalten Viren.
- Riesige Dateianhänge legen das komplette System lahm oder lassen sich gar nicht öffnen.

Um, was den letzten Punkt betrifft, einen ungefähren Richtwert zu nennen: Eine E-Mail-Bewerbung sollte nicht mehr als 2–3 Megabyte groß sein und nur Anschreiben und Lebenslauf umfassen. Ein Unternehmen, das Interesse am Bewerber hat, fordert bei Bedarf schnell weitere Informationen an.

Bei großer Unsicherheit können Sie sich durch ein Telefonat vorab über die bevorzugten Dateiformate und Dateigrößen informieren. Und noch ein Tipp: Versenden Sie Ihre Unterlagen zum Test an sich selbst und drucken Sie sämtliche Dokumente einmal aus. Hierdurch können Sie sofort bestimmte Formatierungsfehler erkennen.
Beachten Sie auch, dass manche kostenlosen E-Mail-Provider am Ende der Nachricht ungefragt Werbung platzieren. Dies können Sie ebenfalls mit einer Test-E-Mail erkennen und dann ggf. für Ihre Bewerbungsaktivitäten einen anderen Provider verwenden – oder ein solides E-Mail-Programm wie Outlook oder Mozilla Thunderbird.
Eine interessante Alternative zu umfangreichen Dateianhängen ist übrigens der Link auf die eigene Bewerbungshomepage. Hiermit können Sie einerseits detailliert über sich Auskunft geben und andererseits den Daten-GAU beim potenziellen Arbeitgeber verhindern (s. a. Seite 101).

Was gehört in eine Bewerbungs-Mail, was nicht?

Wie schon erwähnt, sind prinzipiell verschiedene Varianten der Zusammenstellung bzw. des Versands Ihrer elektronischen Bewerbung denkbar:

1. So können Sie den gesamten Text, also ein kurzes Anschreiben (ca. 5 Zeilen) sowie Ihr berufliches Profil (ca. 20 Zeilen), in den eigentlichen E-Mail-Text schreiben. Diese Variante eignet sich besonders für Kurzbewerbungen.

2. Sie formulieren im E-Mail-Text ein kleines Anschreiben (ca. 5–10 Zeilen) und fügen Ihren Lebenslauf, ohne Zeugnisse, als Anhang an.

3. Sie verfassen Ihr Anschreiben in der E-Mail-Maske und fügen als Anhang Ihren Lebenslauf sowie das aktuellste Arbeits- und/oder Ausbildungszeugnis bzw. Hochschulzeugnis bei.

4. Sie beginnen ebenfalls mit einem kurzen E-Mail-Text auf ca. 5 Zeilen und schicken dann im Anhang sämtliche notwendigen Dokumente, also Anschreiben, Lebenslauf, Zeugnisse, Arbeitsproben mit, dies aber nicht in zu viele Anhangsdateien aufgeteilt, sondern in maximal drei zusammengefasst.

Beachten Sie bitte, dass beim Versand von Anlagen idealerweise nur ein zentrales Dokument versandt werden sollte. Dies vereinfacht das Abspeichern und Öffnen für die Empfänger und stellt auch sicher, dass keine Unterlagen vergessen werden. Hier nun konkrete Beispiele für die genannten Varianten (siehe nächste Seite):

1. Variante

Datei Bearbeiten Ansicht Einfügen Format Extras Tabelle Fenster

An... s.sauter@schneller-reisen.de

Betreff: meine Bewerbung in Ihrem Reisebüro

Anlagenoptionen...

Sehr geehrte Frau Sauter,

ich bin frischgebackene **Reiseverkehrskauffrau** (23 Jahre alt) und habe davor als erste Ausbildung nach dem Abitur den Abschluss der internationalen Touristikassistentin gemacht.

Ein mehrmonatiger ausbildungsbedingter Aufenthalt in Spanien hat meine Sprach- und Fachkenntnisse stark geprägt. Jetzt möchte ich beweisen, was ich kann … geben Sie mir doch bitte diese Chance. Auf eine Einladung freue ich mich und grüße Sie

Martina Flathow
Reiseverkehrskauffrau

Gerichtsallee 44
04103 Leipzig
Telefon 0341 5653041
Mobil 0170 9187951

Geboren am	14.04.1988 in Bad Sarow
2008	Abitur Werner-von-Siemens-Gymnasium Leipzig
2008-2010	Ausbildung zur Touristikassistentin
2011	Weiterbildung zur Reiseverkehrskauffrau

- Englisch (sehr gut), Französisch (gut), Spanisch (gut)
- Umgang mit MS Word, MS Excel, MS PowerPoint und Anwendungsprogramm Sabre-Merlin
- Team- und Führungsfähigkeit

Kommentar: 1. Variante

Text: kurz und treffend – direkt in der E-Mail-Maske. In wenigen Zeilen wird hier beim Leser Interesse an der Bewerberin geweckt. Die persönliche Ansprache sorgt ebenfalls dafür, dass dieses Angebot wahrgenommen wird.

Absenderadresse: kommt, wie bei E-Mails üblich, ans Textende. In diesem Beispiel geht es aber noch mit einem Mini-Lebenslauf weiter. Eine sehr gute Idee! Er rundet das positive Bild einer interessanten Bewerberin ab.

Umfang: Mehr muss nicht sein bei der ersten Kontaktaufnahme. Keine weiteren Anlagen, die eingescannt und mitgeschickt werden müssen. Wichtig wäre jedoch vielleicht noch der Hinweis, dass man gerne mehr an Unterlagen auf Wunsch vorlegt. Vorab oder in der ersten persönlichen Begegnung.

2. Variante

Datei Bearbeiten Ansicht Einfügen Format Extras Tabelle Fenster

An... s.sauter@schneller-reisen.de

Betreff: meine Bewerbung in Ihrem Reisebüro

Anlagenoptionen...

Sehr geehrte Frau Sauter,

als frischgebackene **Reiseverkehrskauffrau (23)** möchte ich Sie und Ihr Team gerne unterstützen.

Nach meinem Abitur (2004) war ich ausbildungsbedingt in Spanien. Weitere Sprachen wie Englisch und Französisch beherrsche ich auch. Ebenso die gängigen PC- und Anwendungsprogramme wie Sabre-Merlin. Mehr über mich in der Anlagedatei.

Es grüßt Sie
Martina Flathow

Reiseverkehrskauffrau
Gerichtsallee 44
04103 Leipzig
Telefon 0341 5653041
Mobil 0170 9187951

3. Variante

Datei Bearbeiten Ansicht Einfügen Format Extras Tabelle Fenster

An... s.sauter@schneller-reisen.de

Betreff: meine Bewerbung in Ihrem Reisebüro

Anlagenoptionen...

Sehr geehrte Frau Sauter,

als frischgebackene **Reiseverkehrskauffrau (23)** (Schulabschluss Abitur) möchte ich Sie und Ihr Team gerne unterstützen. Mehr über mich in der Anlagedatei.

Es grüßt Sie
Martina Flathow, Reiseverkehrskauffrau
Gerichtsallee 44 in 04103 Leipzig, Mobil 0170 9187951

Martina Flathow
Reiseverkehrskauffrau
Gerichtsallee 44
04103 Leipzig
Telefon 0341 5653041
Mobil 0170 9187951

Schneller Reisen GmbH
Frau Sauter
Promenade 35
01122 Dresden

Leipzig, 01.07.11

Meine Bewerbung in Ihrem Reisebüro

Sehr geehrte Frau Sauter,

im Internet bin ich auf Ihre Anzeige gestoßen.

Ich (23) bin frischgebackene **Reiseverkehrskauffrau** und habe davor als erste Ausbildung **nach dem Abitur** den Abschluss der internationalen Touristikassistentin gemacht.

Ein mehrmonatiger ausbildungsbedingter **Aufenthalt in Spanien** hat meine Sprach- und Fachwissenskenntnisse stark geprägt.

Jetzt möchte ich beweisen, was ich kann … geben Sie mir doch bitte diese Chance.

Auf eine Einladung freue ich mich
und grüße Sie aus Leipzig

Martina Flathow

Anlagen

PS: Privat bin ich sportlich sehr aktiv und **Teamcaptain der Cheerleader** der Leipzig Lions (American Football), also alles andere als eine Couch-Potato …

LEBENSLAUF

Martina Flathow
Reiseverkehrskauffrau

Gerichtsallee 44, 04103 Leipzig
Tel: 0341 5653041
Mobil: 0170 9187951

geboren am 14.04.1988 in Bad Sarow
unverheiratet, keine Kinder, ortsungebunden

Schul- und Berufsausbildung

1996–2008	Abitur am Werner-von-Siemens-Gymnasium Leipzig
2008–2010	Ausbildung zur Staatl. Geprüft. Intern. Touristikassistentin an der Berufsfachschule für Wirtschaft in Borna
2011	Weiterbildung zur Reiseverkehrskauffrau bei der Akademie für Wirtschaft und Verwaltung in Dresden

Berufserfahrung

2009	Praktikum im 5-Sterne-Hotel Melia Sancti Petri in Spanien
2010	Praktikum im Reisebüro Suntours in Lindenthal/Leipzig

Fähigkeiten

Fremdsprachen in Wort und Schrift: Englisch (sehr gut), Französisch (gut), Spanisch (gut)

Computerprogramme: Sabre-Merlin, MS Office

Führerschein Klasse B

Team- und Führungsfähigkeit

Interessen und Hobbys

Teamcaptain der Cheerleader der American Footballmannschaft Leipzig Lions, Marathonläuferin

Leipzig, 01.07.2011

Martina Flathow

Kommentar: 2. Variante

Text: Sehr gut! Selbst mit einigen wenigen Zeilen kann es gelingen, eine erste wichtige Botschaft zu vermitteln.

Anhang: Dafür ist jetzt aber eine Anlage notwendig. In dem beigefügten Anhang befindet sich in einer Datei der Lebenslauf (s. Seite 156) und eventuell das letzte Arbeits- oder Ausbildungszeugnis. Möglich wäre auch jeweils eine Extradatei, um beide Texte getrennt anzubieten. Sehr viel Sinn macht das aber nicht. Warum also nicht beide Dokumente in einer Datei versenden.

Kommentar: 3. Variante

Text: ganz kurzer Text – eine sogenannte Anmoderation.

Anhang: als Anlage befinden sich im Anhang, zusammen oder getrennt, ein klassisches Anschreiben (s. Seite 155) und der entsprechende Lebenslauf (s. Seite 156).

Was Sie bei Ihrer E-Mail formal beachten müssen

Auf die Adresse achten Nennen Sie Ihre eigene E-Mail-Adresse, mit der Sie sich bewerben wollen, auf keinen Fall *Mausi100@hotmail.com*. Empfehlenswert ist eine Kennzeichnung mit richtigem Vor- und Zunamen sowie der Versand von einem neutralen Account, wie z. B. web.de, gmx.de oder googlemail.com aus. Beispiel: *elisabeth.brinckmann@web.de*. Sollte Ihr Name schon vergeben sein, suchen Sie bei anderen Providern oder ergänzen sie eine Zahl, also z. B.: *elisabeth.brinckmann200@web.de*. Außerdem sollten Sie auf die E-Mail-Adresse des Empfängers achten. Ein Versand Ihrer Unterlagen an eine anonyme Sammeladresse wie *info@ FirmaXY.de* ist nicht ratsam, da hier das Risiko besteht, dass Ihre Nachricht entweder verzögert oder überhaupt nicht zum richtigen Ansprechpartner weitergeleitet wird. Versuchen Sie deshalb den zuständigen Firmenvertreter, inklusive dazugehöriger E-Mail-Adresse, zu recherchieren und greifen Sie hierfür notfalls auch zum Telefon.

Die Betreffzeile Wählen Sie eine aussagekräftige, individuelle Betreffzeile für Ihre Bewerbung aus. Zum Beispiel „Meine Bewerbung als Krankenschwester" oder „Ein Vertriebsprofi stellt sich vor". So kann Ihre Nachricht besser zugeordnet werden und Sie riskieren nicht, dass man die E-Mail für eine Massensendung oder vielleicht sogar für eine Werbebotschaft (Spam) hält.

Schrift, Farbe, Hintergrund Wenn Sie sicher sind, dass der Empfänger Ihrer E-Mail das HTML-Format lesen kann, so haben Sie mit dieser Formatierung die Möglichkeit, besondere grafische Details einzufügen. Beispielsweise können Sie dann individuelle Akzente bei der Schriftwahl, der farblichen Gestaltung sowie des Hintergrunddesigns setzen. Oder Sie ändern lediglich die Schriftfarbe: Von Schwarz zu Blau oder eventuell Grün (Vorsicht, typische Cheffarbe!). Rot hingegen ist absolut unmöglich. Überlegen Sie sich jedoch genau vorab, welche gestalterischen Elemente für den Empfänger wirklich Sinn machen. Bunte Landschaftsbilder, ein Text mit vielen Hervorhebungen, Unterstreichungen und vielleicht sogar blinkenden Wörtern werden bei einem konservativen Empfänger kaum Begeisterung auslösen. Versuchen Sie eine Auswahl zu treffen, die authentisch zu Ihnen selbst passt, jedoch gleichzeitig mit den Erwartungen des potenziellen neuen Arbeitgebers harmoniert.

Kontaktdaten/Signatur Für die inhaltliche Gestaltung der eigentlichen Nachricht haben wir ja schon die verschiedenen Varianten aufgezählt.
Ihre Kontaktdaten platzieren Sie bei einer E-Mail am besten am Ende des Nachrichtentextes. Nur wenn sichergestellt ist, dass Ihre HTML-E-Mail auch korrekt empfangen bzw. dekodiert werden kann, lohnt sich die Arbeit, am Ende des Textes Ihre eingescannte Unterschrift einzufügen. Während die eigene Signatur an dieser Stelle also eine interessante Option darstellt, so ist sie im angefügten Anschreiben sowie im Lebenslauf beinahe ein klares Muss. Das sieht sehr schön aus, ist persönlicher und kann auch in blauer Schrift formatiert werden – Stichwort: Königsblau.

Das Anschreiben Verlangt das Stellenangebot nicht ausdrücklich die vollständigen Unterlagen, sind E-Mail-Bewerbungen in aller Regel eher Kurzbewerbungen. Überhäufen Sie den Adressaten also nicht mit einer unübersichtlichen Fülle von Dokumenten und Anhängen. Ein ansprechendes Anschreiben und ein gut getexteter Lebenslauf – beide so kurz wie möglich – reichen als Erstkontakt aus.

Das (erste) Anschreiben wird in der E-Mail selbst formuliert, nicht im Dateianhang. Es gibt aber durchaus Firmen, die sich auf telefonische Nachfrage Ihr sorgfältiges Anschreiben gesondert im Anhang wünschen. In diesem Fall reichen ein paar kurze freundliche Zeilen, die auf die Bewerbung und das vorherige Telefonat Bezug nehmen. Aber auch hier empfehlen wir, schon in der E-Mail-Nachricht die persönlichen Daten wie Anschrift, Kontaktdaten, eventuell Adresse der Homepage und drei Kernkompetenzen zu dem Stellenprofil zu benennen.

Serienmails sind als Bewerbung völlig ungeeignet. Formulieren Sie stets individuell für eine bestimmte Firma. Beziehen Sie sich dabei möglichst auf das entsprechende Stellenangebot und bei einer Initiativbewerbung auf den Anlass (das Wort „arbeitslos“ bzw. „Arbeit suchend“ bitte vermeiden) und Ihr besonderes Angebot.

Sprechen Sie den Verantwortlichen stets namentlich direkt an. Kennen Sie Ihren Ansprechpartner nicht, bleibt nur der Griff zum Telefon. Und: Auch in einer E-Mail-Bewerbung gelten selbstverständlich die üblichen Höflichkeitsformen und die deutsche Rechtschreibung.

Konzentrieren Sie sich also auf das wirklich Wesentliche und bieten Sie an, die entsprechenden Unterlagen in Form einer schriftlichen Bewerbung oder bei einer persönlichen Begegnung einzureichen.

Von der Reihenfolge her kommt das Anschreiben sofort am Anfang, also noch vor dem Lebenslauf. Verwenden Sie, wie schon erwähnt, idealerweise nur *ein* zentrales Dokument und platzieren Sie hierbei das Anschreiben ganz vorn, denn dort gehört es auch hin.

Der Lebenslauf Nach dem Anschreiben folgt Ihr Lebenslauf, den Sie in Form und Inhalt wie bei einer traditionellen klassischen Bewerbung erstellen und dann Ihrer E-Mail-Bewerbung anfügen. Übrigens: Mehr als zwei Drittel aller Personaler handhaben E-Mail-Bewerbungen wie eine schriftliche Bewerbung. Ihr Adressat druckt die E-Mail-Bewerbung aus und legt sie auf den Stapel der bereits eingegangenen Bewerbungsmappen. Deshalb ist ein gut formatierter Lebenslauf besonders wichtig. Alternativ können Sie Ihn auch als absolute Kurzversion direkt in die E-Mail schreiben. Dies erspart dem Leser bei der ersten Durchsicht einen zweiten Klick auf eine angehängte Datei und damit Zeit. Sie sollten aber den sehr schön gestalteten Lebenslauf parat haben, falls er zu einem späteren Zeitpunkt angefordert wird.

Das Foto Scannen Sie Ihr Bewerbungsfoto ein bzw. lassen Sie sich hierbei von professioneller Seite helfen. Speichern Sie das eingescannte Bild in einem universell verbreiteten Bildformat ab und fügen Sie es in Ihren Lebenslauf ein. Beachten Sie hierbei, dass das Bild nicht zu viel Speicherplatz einnimmt und damit die Datenmenge Ihrer Bewerbung zu groß wird. Konkret empfehlen wir Ihnen das JPG-Format, das über unterschiedlichste Computersysteme hinweg akzeptiert wird. Alternativ, weil ebenfalls sehr gebräuchlich, können Sie auch das GIF-Format verwenden.
Sollten Sie diese Aufgaben nicht allein bearbeiten können und auch im Freundeskreis keinen Computerexperten kennen, so finden Sie häufig in größeren Copyshops professionelle PC-Arbeitsplätze inklusive kompetentem Fachpersonal, das Ihnen dann die notwendige Unterstützung geben kann.

Die Zeugnisse Nach dem Anschreiben und dem Lebenslauf folgen Ihre Zeugnisse. Wählen Sie nicht zu viele, jedoch die für Sie wichtigsten Zeugnisse aus, scannen Sie diese ein und fügen Sie sie dem zentralen Dokument am Ende an. Werden mehr als drei bis vier Zeugnisse angefügt, so empfiehlt sich ein Anlagenverzeichnis, das nach dem Lebenslauf einen Überblick zur Reihenfolge der nun aufgeführten Dokumente gibt.

Die Anlage Versenden Sie nur eine Anlage, wobei die Datenmenge nicht zu groß sein sollte und das Dokument mit einem aussagefähigen Namen, zum Beispiel „Bewerbung_anne_schulz_25102011" versehen ist. Achten Sie dann innerhalb des angefügten Dokuments auch auf die schon angesprochene, richtige Reihenfolge der Texte.

Die Wahl der Dateiformate Wie bereits erwähnt, so existieren bei einer E-Mail im HTML-Code deutlich mehr Gestaltungsmöglichkeiten, um sich selbst möglichst individuell zu präsentieren. Neben gewissen ästhetischen Grenzen gilt es jedoch hier, auch die technischen Limitierungen im Auge zu behalten. Kann der Empfänger HTML-Nachrichten nicht korrekt entschlüsseln, so war Ihre ganze Arbeit umsonst. Im Zweifelsfall sollten Sie deshalb Ihre E-Mail-Nachricht nicht im HTML-Code, sondern im „Nur-Text"-Format versenden. Dann gehen Sie garantiert kein Risiko ein.
Falls Sie Ihrer E-Mail Dateianhänge (Lebenslauf, Zeugnisse, Arbeitsproben etc.) anfügen möchten, so achten Sie hier auf das verwendete Dateiformat. Mit Word erzeugte DOC-Dateien sind zwar den meisten PC-Benutzern vertraut, haben aber zwei Nachteile. Zum einen bleiben Layout und Formatierung bei der Datenübertragung häufig nicht erhalten, zum anderen sind diese Dateien sehr anfällig für sogenannte Makroviren. Garantiert virenfrei sind RTF-Dateien, die auch Formatierungen beibehalten. Wählen Sie dazu in Ihrer Textverarbeitung, zum Beispiel in Word, unter „Speichern unter" die Option „Richt-Text-Format (*.rtf)" aus. Mit am besten sind jedoch PDF-Dokumente. Inzwischen sind im Internet kostenfreie Programme zur Erzeugung von PDF-Dokumenten verfügbar.
Wollen Sie auf Nummer sicher gehen, so erfragen Sie telefonisch beim Unternehmen nach, was und wie viel an Dokumenten gewünscht wird.

Die Nachfass-E-Mail

Sie haben alle Ratschläge beachtet, Ihre E-Mail abgeschickt und keine Antwort erhalten? Manchmal gehen Nachrichten verloren oder der Empfänger hat Ihre Bewerbung übersehen. In jedem Fall können Sie nach ca. 7–10 Tagen Wartezeit eine Nachfass-E-Mail versenden. Formulieren Sie noch einmal in ca. drei Zeilen Ihr Interesse an der Position und erkundigen Sie sich, ob alles gut angekommen ist, ob vielleicht noch bestimmte Unterlagen fehlen und wann mit einer Entscheidung zu rechnen ist.

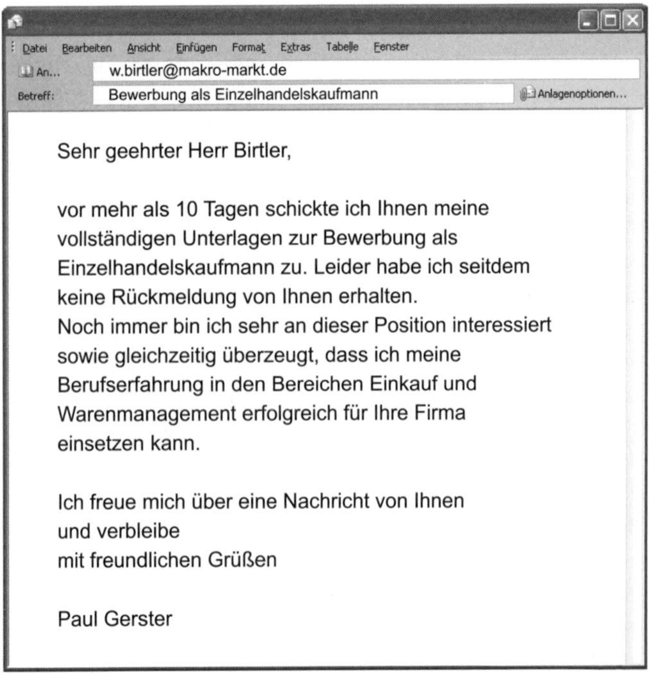
Datei Bearbeiten Ansicht Einfügen Format Extras Tabelle Fenster

An... w.birtler@makro-markt.de

Betreff: Bewerbung als Einzelhandelskaufmann Anlagenoptionen...

Sehr geehrter Herr Birtler,

vor mehr als 10 Tagen schickte ich Ihnen meine vollständigen Unterlagen zur Bewerbung als Einzelhandelskaufmann zu. Leider habe ich seitdem keine Rückmeldung von Ihnen erhalten.
Noch immer bin ich sehr an dieser Position interessiert sowie gleichzeitig überzeugt, dass ich meine Berufserfahrung in den Bereichen Einkauf und Warenmanagement erfolgreich für Ihre Firma einsetzen kann.

Ich freue mich über eine Nachricht von Ihnen
und verbleibe
mit freundlichen Grüßen

Paul Gerster

Online-Bewerbungsformulare

Ein weiterer elektronischer Bewerbungsweg führt direkt auf die Homepage der Arbeitgeber. Insbesondere größere Firmen vertrauen zunehmend den Vorteilen einer digitalen, automatischen Kandidatenauswahl und bieten interessierten Bewerbern die Möglichkeit, ihr berufliches Profil direkt auf der Firmenhomepage einzugeben.

Kurzer Überblick zur Onlinebewerbung bei Firmen

Lassen Sie uns diese Onlineformulare an einem einfachen Beispiel näher anschauen: Bei einer Bewerbung als Bürokaufmann erfragen die ersten Formular-Seiten zunächst einmal die Kontaktdaten des Bewerbers. Danach folgen neue Fenster und Menüs, in denen Angaben zum Schulabschluss, zur Aus- sowie den Weiterbildungen gemacht werden müssen. Im sich anschließenden Formular wird nach den bisherigen Beschäftigungsverhältnissen und den konkreten Arbeitsaufgaben, z. B. Korrespondenz oder Rechnungsbearbeitung, gefragt. Hiernach folgen Angaben zu sonstigen Kenntnissen, beispielsweise Erfahrungen mit speziellen Buchhalterprogrammen, dem Führerscheinbesitz sowie den Freizeitinteressen. Schlussendlich hat der Bewerber dann noch die Chance in freien Textfeldern, also mit eigenen Worten, beispielsweise zu seinen Stärken sowie beruflichen Zielen individuell Stellung zu nehmen – eine Abfrage, die inhaltlich vergleichbar mit der „Dritten Seite" ist.
Der Registrierungsprozess gestaltet sich oftmals kompliziert und nimmt unerwartet viel Zeit in Anspruch. Bei manchen Firmen muss der Bewerber auch erst einmal warten, bis das notwendige Zugangspasswort per E-Mail zugeschickt wird. Abseits davon ist in den meisten Fällen das Akzeptieren einer Datenschutzerklärung eine notwendige Voraussetzung, um überhaupt auf die eigentlichen Bewerbungsformulare zu gelangen. Diese können übrigens direkt von der jeweiligen Firma installiert sein oder über einen Link zu einer Stellenbörse führen, die dann die Bewerberauswahl für die

Firma übernimmt. Viele Unternehmen, die ihre Stellenausschreibungen auf ihrer Firmen-Homepage veröffentlichen, stellen diese auch in Job-Portale wie z. B. **www.jobware.de**, **www.joborama.de** oder **www.monster.de** ein und lassen über diese Anbieter die Vorauswahl der Kandidaten laufen.

Online – Pflicht oder Kür?

Besonders die großen Konzerne drängen geradezu auf die Nutzung der aufwendig installierten Bewerberformulare oder bieten, wie z. B. Audi oder E.ON, überhaupt keine andere Bewerbungsmöglichkeit mehr an. Als Gründe werden Zeit-, Kosten- und Platzersparnis genannt, um durch automatisierte Prozesse der Bewerberflut einigermaßen gerecht zu werden.

Natürlich ist es empfehlenswert, sich an diesen Richtlinien zu orientieren. Gleichzeitig haben standardisierte Auswahlverfahren stets den Nachteil, dass die Individualität des Bewerbers eher unter den Tisch fällt. Versuchen Sie deshalb im Anschreiben, im angefügten Lebenslauf sowie den freien Textfeldern Ihr Profil möglichst eigenständig zu präsentieren. Außerdem empfehlen wir Ihnen, weitere Kontakte zur Firma zu suchen; also möglichst auch Ansprechpartner für eine direkte Bewerbung zu finden. Hierzu sollten Sie nicht nur im Internet die bereits erwähnten Business-Communities (s. Seite 141) nutzen, sondern sich auch im realen Leben, auf Firmen- und Branchenmessen, persönlich vorstellen. Eine weitere Chance ist nach wie vor der direkte Kontakt per Telefon (s. Seite 122). Grundlage ist auch hier ein klares Kommunikationsziel, z. B. die verbal überzeugende Vorstellung als neuer Vertriebsmitarbeiter, der sich ausführlich mit der Firmenhomepage, dem Unternehmen und Branchenumfeld beschäftigt hat und im Rahmen seiner Bewerbung beispielsweise eine neue Idee für ein Großkundenprojekt präsentieren möchte.

Die standardisierte, automatisierte Bewerbung

Bei Onlineformularen – wir sagten es bereits – muss der Kandidat nun mal verschiedene technische und inhaltliche Hürden erfolgreich meistern. Lassen Sie sich auf keinen Fall von der Fülle der Eingabeformulare abschrecken! Auch wenn die verlangten Informationen nahezu endlos erscheinen, so müssen Sie diese Fleißaufgabe absolvieren. Natürlich macht auch hierbei Übung den Meister und Sie werden sehen, dass Onlineformulare für Sie bald kein großes Hindernis mehr darstellen.

Manche Unternehmen bieten ihren Bewerbern an, das Formular Stück für Stück zu bearbeiten, indem sie eine Zwischenspeicherfunktion eingebaut haben, bei anderen Firmen muss der Bewerber das Formular in einem Zug bis zum Ende ausfüllen, weil bereits eingegebene Daten nach einer Unterbrechung ungültig werden. Andere, vorzugsweise die großen Unternehmen, haben bisweilen einen eigenen Bewerbungsassistenten, der beispielsweise die Vorschau auf das Formular ermöglicht und Schritt für Schritt die Bearbeitung erklärt.

Leider spielen die Firmen bei der Kandidatenauswahl nicht mit offenen Karten, weshalb die Filter- bzw. Rasterkriterien zur automatischen Bewerbereinstufung stets Firmengeheimnis bleiben. Hier kann man lediglich spekulieren, z. B. wenn besonders häufig Fragen zum Thema Teamfähigkeit oder zu bestimmten fachlichen Kenntnissen gestellt werden.

Wichtig für Sie: Nicht irritieren lassen, sondern versuchen, möglichst technisch kompetent die Eingabefelder auszufüllen und gleichzeitig prägnante, aussagefähige Informationen zum eigenen Profil einzugeben.

Übrigens: Bei Bewerbungs-Formularen von größeren Konzernen werden die Bewerbungen oftmals in einem Kandidaten-Pool gespeichert, auf den auch andere, mit dem Konzern verbundene Firmen Zugriff haben. Dies steigert dann Ihre generellen Chancen, ein

Angebot zu erhalten, selbst wenn es mit dem eigentlichen Traumjob bei der Wunschfirma auf Anhieb nicht klappt.

Worum es geht – und warum

Abseits der anfänglichen Anmelde-Formulare sind natürlich die berufsbezogenen Fragen von besonderem Interesse. Diese wurden für konkrete Stellenprofile entwickelt und berücksichtigen personalstrategische Gesichtspunkte, wie zum Beispiel einen speziellen Ausbildungshintergrund, bestimmte Fachkompetenzen oder relevante Praxiserfahrungen. Beachten Sie bei der Dateneingabe, dass hierbei vielleicht auch branchenspezifische Formulierungen oder Redewendungen erwartet werden. So kann die Verwendung von bestimmten Schlüsselbegriffen oder Fachwörtern wichtige Zusatzpunkte einbringen.

Bei der Auswertung der Onlineformulare sind automatische und teilautomatische Prozesse zu unterscheiden. Bei beiden wird aufgrund von Datenabgleichen bzw. Übereinstimmungen (z. B. Alter, Bildungsabschlüsse, Verweildauer an Arbeitsplätzen) entschieden, ob man für das Unternehmen als Mitarbeiter interessant ist oder eben auch nicht. Je schneller Sie eine Absage bekommen, desto wahrscheinlicher handelt es sich hierbei um ein automatisches, also ein computergestütztes Auswahlverfahren.

Nun, dieser Aspekt ist im Prinzip eher nebensächlich. Ebenso wie das Phänomen, dass bei einigen Firmen trotz umfangreicher Bewerber-Formulare vielleicht gar keine offenen Stellen vorhanden sind. Lassen Sie sich auch hiervon nicht verunsichern, sondern suchen Sie wie bei einer Initiativbewerbung Ihre Chance und präsentieren Sie sich möglichst optimal. Beachten Sie dabei die bereits bekannten Erfolgsfaktoren: Kompetenz, Leistungsmotivation und Persönlichkeit. Zeigt sich Ihre Kompetenz in einer bestimmten Ausbildung, dann sollte dieser Punkt entsprechend gewürdigt werden. Wird Ihre Leistungsmotivation vor allem an Ihren Erfolgen sichtbar, dann gilt es auch diesen Aspekt ins rechte Licht zu rücken.

Und schätzt man Ihre Teamfähigkeit nicht nur im Job, sondern auch im Fußballverein, dann gehört dies ebenso authentisch und prägnant formuliert zu Ihrem Profil. Gerade bei den freien Textfeldern haben Sie die Chance, Ihre Persönlichkeit etwas individueller, beispielsweise durch interessante Überschriften oder prägnante Zusammenfassungen zu präsentieren und somit das wichtige Auswahlkriterium, Ihre Wesensart, Ihre Soft Skills erfolgreich anzugeben.

Vergessen Sie auf keinen Fall vor dem endgültigen Versand Ihrer Texte eine Rechtschreibprüfung durchzuführen. Kopieren Sie Ihre Formulierungen einfach in ein entsprechendes Textprogramm und starten Sie die automatische Rechtschreibprüfung. Des Weiteren sollten Sie beim Versand von Anhängen stets die vorgegebenen technischen Parameter beachten. Hierzu gehören: Anzahl der Dokumente, Größe der Dateien sowie vorgeschriebene Formate. Speichern Sie auch alle wichtigen Texte sowie die verschickten Dokumente für sich selbst ab. Dies gibt Ihnen die Möglichkeit, die gemachten Angaben vor einem Vorstellungsgespräch nochmals durchzugehen und sich einzuprägen.

Einfache und komplizierte Onlineformulare

Sie kennen das Phänomen aus der Computerwelt: Es gibt sehr einfach verständliche Computerprogramme und leider auch unglaublich komplizierte Anwendungen. Dies gilt in gleicher Weise für Onlineformulare auf Firmenhomepages. Lesen Sie sich deshalb alle vorhandenen Hilfe-Texte und Erläuterungen genau durch. Gute Onlineformulare erklären bestimmte Fachbegriffe und geben Beispiele, was unter bestimmten Abstufungen, z. B. guten Fremdsprachenkenntnissen, zu verstehen ist. Manchmal bekommt man einen virtuellen Bewerbungsassistenten als Unterstützung zur Seite gestellt. In vielen Fällen besteht die Möglichkeit, eine Bewerber-Hotline anzurufen, um dort Fragen zu klären.

Sinnvoll und hilfreich ist es, wenn man am Ende nochmals Gelegenheit hat, sämtliche Eingaben im Überblick (gegen-)lesen zu können. Eine weitere sinnvolle Option ist die Möglichkeit, zu einem späteren Zeitpunkt bestimmte Aspekte im Lebenslauf verändern bzw. aktualisieren zu können. Gerade wenn man beabsichtigt, ein Profil für längere Zeit bei einer Firma zu hinterlegen, so können zusätzliche Lehrgänge oder Projekterfahrungen dann einfach und unkompliziert ergänzt werden.

Tipps, Tricks und Fallen

Als ersten Tipp möchten wir Ihnen eine Art Probedurchlauf vorschlagen. Wenn Sie wirklich auf Nummer sicher gehen wollen, so spricht nichts dagegen, mit fiktiven Angaben die Onlineformulare zunächst einmal einzusehen, um dann beim erneuten Versuch mit korrekt ausgefüllten Feldern Ihre Bewerbung auf den Weg zu bringen.

Häufig werden in Bewerbungsformularen Fragen wie „Warum bewerben Sie sich bei uns?“ gestellt. Hier sind Kreativität und Formulierungsgeschick gefragt. Lassen Sie sich unbedingt etwas Besseres einfallen als „Weil ich arbeitslos bin“ oder „Weil es so ein toller Job ist, der viel Geld bringt“. Recherchieren Sie, welche Philosophie, welche Zukunftsvisionen die Firma hat und passen Sie Ihre Antwort entsprechend an – ohne sich jedoch allzu sehr anzubiedern.

Am besten bereiten Sie sich auf solche Standardfragen vor, indem Sie zunächst entsprechende Texte oder Formulierungen auf Ihrem Computer abspeichern. Anschließend können Sie diese dann in die Felder der Onlineformulare einkopieren.

Möglichkeiten für zusätzliche, individuelle Mailings

Nachdem Sie das Onlineformular abgeschickt haben, erhalten Sie in der Regel eine Bestätigung Ihrer Bewerbung. Manche Unternehmen versenden innerhalb von 24 Stunden eine automatische E-Mail mit dem Hinweis auf den Eingang Ihrer Internetbewerbung. Bei anderen müssen Sie sich etwas länger gedulden. Eine individuelle inhaltliche Reaktion des Unternehmens selbst dauert länger. Wenn Sie nach drei bis fünf Tagen noch nichts gehört haben, dürfen Sie auf jeden Fall per E-Mail oder telefonisch nachfragen – und haben auch hier die Chance, kurz nochmals Ihre Qualitäten anzusprechen.

Tipp

Leider kann das automatisierte Auswahlverfahren auch trotz bester Vorbereitung und Durchführung sehr ungerecht sein. Manche Firmen verwenden als Auswahlkriterium die Durchschnittsstudiendauer oder ein bestimmtes Alter des Bewerbers. Haben Sie beispielsweise BWL oder Maschinenbau studiert und wegen verschiedener Praktika und Auslandsaufenthalte 14 anstatt nur 9 Semester gebraucht, oder sind Sie nach Studienabschluss bereits 29 Jahre alt, dann sortiert das standardisierte Computerauswahlprogramm Sie sofort aus. Postwendend werden Sie per E-Mail informiert, dass man Ihnen leider kein passendes Angebot machen kann. Wenn Sie in dieser Hinsicht eine ungerechte Behandlung vermuten und Sie trotzdem an dem ausgeschriebenen Job interessiert sind, so hilft nur eins: Versuchen Sie sich auf herkömmlichen Bewerbungswegen vorzustellen.

Beispiel für ein Onlineformular: komplizierte Version

Persönliche Daten

Anrede [▼] Titel [▼]
Familienname [ ] Vorname [ ]
Zweiter Vorname [ ] Weitere Vornamen [ ]
Geburtsname [ ] Geburtsdatum [1 ▼] [1 ▼] [1980 ▼]
Geburtsort [ ] Geburtsland [▼]
Staatsangehörigkeit [▼] Weitere Staatsbürgerschaften [▼]
Staatsangehörigkeit der Eltern [▼]
Haben bereits Ihre Eltern in unserer Firma gearbeitet? [Nein ▼]
Familienstand [ledig ▼] Haben Sie Kinder? [Nein ▼]
Wie alt sind Ihre Kinder? [ ]

Hauptwohnsitz Anschrift
Straße [ ]
Ort (mit PLZ) [ ]

Nebenwohnsitz Anschrift
Straße [ ]
Ort (mit PLZ) [ ]

Telefon mit Vorwahl (tagsüber) [ ]
Telefon mit Vorwahl (am Abend) [ ]
Fax [ ] Handy [ ]
E-Mail [ ] Eigene Homepage-Adresse [ ]

Warum bewerben Sie sich?

Die Gretchenfrage.

Wie sind Sie auf diese Stelle aufmerksam geworden?

Vordergründig natürlich durch die Anzeige im Internet, in den Printmedien, durch Kollegenhinweise, Gespräche o. Ä. Noch besser: »Ich beobachte schon geraume Zeit die Entwicklung Ihres Unternehmens etc., benutze Ihre Produkte etc. …« Das kommt noch besser an!

Woher kennen Sie unsere Firma?

Auch hier gilt es, keine Antwort schuldig zu bleiben und den Platz für eine gelungene Selbstdarstellung zu nutzen.

Welchen Kontakt hatten Sie bereits zu unserer Firma?

Intelligent, und bitte nicht schleimen oder sich selbst übertrieben beweihräuchern …

Haben Sie bereits an einem Recruiting-Event unserer Firma teilgenommen? Ja ▼

Für welchen Aufgabenbereich bewerben Sie sich? ▼

Welche Position/Verantwortung streben Sie momentan an? ▼

Welche Position/Verantwortung streben Sie in fünf Jahren an? ▼

Ihr gewünschter Einsatzort 1. Präferenz ▼ 2. Präferenz ▼ 3. Präferenz ▼

Ihr frühester Eintrittstermin 1. Präferenz ▼ 2. Präferenz ▼ 3. Präferenz ▼

Bereitschaft zur Durchführung von Schichtarbeit Ja ▼

Bereitschaft zur Leistung von Überstunden Ja ▼

Bereitschaft zur Durchführung von Dienstreisen im Inland Ja ▼

Bereitschaft zur Durchführung von Dienstreisen im Ausland Ja ▼

Bitte beschreiben Sie häufige Tätigkeiten an einem normalen Arbeitstag.

Jetzt bloß keine Alltäglichkeiten wie »… frühmorgens komme ich und schließe das Büro auf« … »und gehe als letzter oftmals erst nach 19 Uhr«. Besser: »Krisenmanagement«, »Rückgewinnung von sich beklagenden Kunden«, »erfolgreiche Preisverhandlungen« etc. Sie haben doch Fantasie!

Welche dieser Tätigkeiten können Sie besonders gut?

Jetzt müssten Sie eigentlich wissen, wie Sie diesen Platz zu Ihrem Vorteil nutzen. Aber bitte nicht schreiben: »Ich bin ein großartiger Geschichtenerfinder«!

Welche dieser Tätigkeiten müssen Sie noch optimieren?

Hier muss auch etwas stehen, aber bitte Zurückhaltung bewahren (also gerade hier keine vier Zeilen oder mehr).

Welche Arbeiten vermeiden Sie aufgrund mangelnder Eignung?

Eine Antwort ist nicht einfach. Prinzipiell könnten Sie ausweichen auf etwas Privates wie: handwerkliche oder häusliche Tätigkeiten, z. B. an der Elektrik, Backen, Reparaturen am Auto etc. Bei beruflichen Eingeständnissen: Vorsicht! Evtl.: „Fahren von Fahrzeugen, für die ich keine Berechtigung habe."

Ausbildung als [ ] Start 1 ▼ 1 ▼ 1980 ▼
Ende 1 ▼ 1 ▼ 1980 ▼

Hauptfächer während der Ausbildung

Besondere Kurse während der Ausbildung

Wetten: Jetzt fällt Ihnen nichts ein! Benennen Sie Schwerpunkte … Und wenn Sie auch dazu nichts anführen können, dann überlegen Sie etwas zielgerichteter.

Besondere praktische Erfahrungen während der Ausbildung

Auch hier Schwerpunkte nennen, die Sie durch intensive Beschäftigung mit Spezialthemen während der Ausbildung entwickelt haben.

Abschlussnote [ ]

Weitere Ausbildungen (Start/Ende mit genauem Datum)

Ausbildungsabschluss (genaues Datum)

Weitere Ausbildungsabschlüsse (genaue Daten)

Studium Start 1 1 1980 Ende 1 1 1980

Hauptfächer während des Studiums

Besondere Kurse während des Studiums

Hier bieten sich auch VHS-Kurse o. ä. an, Hauptsache, Sie können etwas berichten...

Außeruniversitäres Engagement

Diese Chance dürfen Sie nicht ungenutzt lassen. Der Sportverein, das Team, soziale Projekte in Ihrer Nachbarschaft ... Natürlich haben Sie da etwas zu berichten.

Auslandssemester (Start/Ende, Dauer, Ort, besuchte Kurse)

Auch wenn Sie nicht im Ausland studiert haben, ein längerer Auslandsaufenthalt im Sinne von Work & Study lässt sich hier immer eintragen.

Datum und Thema der Abschlussarbeit
1 1 1980

Abschlussnote Semesteranzahl

Berufliche Fortbildungen

Bitte nie »keine« schreiben!

Berufliche Weiterbildungen

Ganz gemein, denn das ist ja das Gleiche wie eben! Also unbedingt wenigstens »Ja, ständig!«, »Tagtäglich« einsetzen, ggf. auf das Fachzeitschrift-Abo, die Mitgliedschaft im Berufsverband, das Treffen am Stammtisch etc. hinweisen.

Sonstige Zusatzqualifikationen

Bitte nicht »nichts« schreiben, wenigstens der Führerschein, Ihre »Kenntnisse in ...« sind hier aufführbar. Nutzen Sie diese Gelegenheit!

Auslandsaufenthalte

Auch hier sollten Sie etwas ausfüllen. Natürlich waren Sie schon in den USA, in Spanien o. Ä. Ja, aber nur zum Urlaub machen, wenden Sie ein. Das schreiben Sie aber jetzt nicht ... Auf Nachfrage bleibt es ja Ihnen überlassen, wie sehr Sie Ihren Zehntageaufenthalt in Spanien ausschmücken.

Schulabschluss Start 1 1 1980 Ende 1 1 1980

Weiterführenende Bildungsabschlüsse

Berufliche Tätigkeit aktuell | Start 1 ▼ 1 ▼ 1980 ▼

Aufgabenschwerpunkt

Unbedingt ausfüllen, aber gut überlegt!

Ergebnisse

Ihre Gelegenheit zu verdeutlichen, was Ihre Kompetenz und Leistungsmotivation auszeichnet. Das bedeutet aber auch: Sie haben sich Gedanken gemacht, was Ihre Botschaften sind.

Warum wollen Sie Ihre Tätigkeit wechseln/Ihr Unternehmen verlassen?

Sie suchen den Reiz einer neuen berufl. Herausforderung, wollen andere Arbeitsabläufe/Organisationen/Vorgehensweisen kennenlernen, Ihren Horizont erweitern.

Arbeitszeugnis vorhanden | Ja ▼

Davor berufliche Tätigkeit | Start 1 ▼ 1 ▼ 1980 ▼

Ende 1 ▼ 1 ▼ 1980 ▼

Aufgabenschwerpunkt

Hier gilt es, wie oben und zuvor argumentiert. Dabei müssen Ihre letzten Tätigkeiten vor dem aktuellen Job, den Sie jetzt innehaben, schon noch mit einer gewissen Akribie beschrieben werden, die Tätigkeiten danach deutlich weniger. Zeigen Sie sich motiviert. Kooperieren Sie.

Ergebnisse

Wechselmotiv

Arbeitszeugnis vorhanden | Ja ▼

Davor berufliche Tätigkeit [ ] Start 1 ▼ 1 ▼ 1980 ▼
Ende 1 ▼ 1 ▼ 1980 ▼

Aufgabenschwerpunkt

Hier gilt das eben Gesagte.

Ergebnisse

Ähnliche Antwort wie auf der vorherigen Seite

Wechselmotiv

Ähnliche Antwort wie auf der vorherigen Seite

Arbeitszeugnis vorhanden Ja ▼

(evtl. mehrmals auszufüllen, je nach Anzahl früherer Arbeitsverhältnisse)

Überlegen Sie gut, ob Sie sich dieser Frage so einfach unterwerfen. Bleiben Sie doch mal beim »Nein«. Dass das nicht geht bei 5 Jahren ohne Job, ist schon etwas anderes, aber was sind schon 5 Monate – vor allem wenn es schon eine Zeit lang her ist!

Zeiten der Arbeitslosigkeit Nein ▼
Dauer der Arbeitslosigkeit [ ]

Besondere Projektarbeiten

Unbedingt ausfüllen, Sie nutzen doch die gebotenen Chancen der Selbstdarstellung und Vermarktung Ihrer Talente, oder?

Besondere Arbeitserfolge

Dito!

Auszeichnungen

Auch wenn Sie nichts »Offizielles« vorzuweisen haben, können Sie etwas benennen … am 31. April hat Ihr Vorgesetzter doch eine kleine Rede gehalten, sogar vor den Kollegen und Sie über die Maßen gelobt … (bitte beachten Sie: es gibt leider nur 30 Tage im April!). Oder Ähnliches.

Besondere Kenntnisse

Da wissen Sie doch hoffentlich, was Sie noch alles mitzuteilen haben. Nur passen muss es schon, halbwegs glaubwürdig wirken. Dennoch: Der Computer kennt keine Gefühle!

Sprachkompetenz umgangssprachlich

Sprachkompetenz schriftlich

Sprachkompetenz verhandlungssicher

EDV

Immer ja, sehr gute/gute/befriedigende Ergebnisse sind doch allemal vorstellbar.

Führerschein A

Allgemeine soziale Kompetenzen

Gut vorstellbar, dass viele Leser hier keine Idee haben, was sie schreiben könnten. Zurückhaltung und Bescheidenheit sind auch soziale Kompetenzen, und wenn Sie ein bisschen nachdenken und sich mit den richtigen Leuten austauschen, werden Sie etwas zu schreiben haben …

Besondere Führungskompetenzen

Nachdenken hilft und Ihr/e Hund/Katze, (Paten-)Kind, Partner/in, Freunde und Bekannte, Nachbarn etc. überlassen Ihnen gerne die eine oder andere Entscheidung. Und noch etwas: In der Schule als Klassensprecher (bitte nicht das Tafelamt!), in der Uni als Sprecher Ihres Lernteams usw. …

Bei Führungskräften:

Anzahl der zugeordneten Mitarbeiter (Maximalzahl)

Anzahl der zugeordneten Mitarbeiter (Durchschnitt)

Angaben zur Teamfähigkeit

»Gut entwickelt, keine Probleme, wenngleich Teamarbeit nicht immer ein Garant dafür ist, die optimale Lösung in kürzester Zeit zu erreichen« wäre eine schöne Antwort.

Angaben zur Belastbarkeit

Selbstverständlich sind Sie belastbar!

Berufliche Stärken

Natürlich nutzen Sie diese Vorlage und nennen Ihre Stärken, die Sie weiter vorne im Buch ausgearbeitet haben.

Berufliche Schwächen

Aber hier bitte keine zwei Zeilen oder mehr. Ja, Sie kennen solche und arbeiten daran …

Sonstige relevante Kenntnisse

Unbedingt ausfüllen! Was sonst nicht passt – ggf. etwas umformulieren.

Wie oft pro Woche sind Sie sportlich aktiv? 2x ▼

Betreiben Sie eine Art von Extremsport, z. B. Bergsteigen?

»Immer, regelmäßig, manchmal aber auch nicht, wenn in der Firma so viel zu tun ist …« Schreiben Sie, welche Sportarten Sie bevorzugen! Sogar Schach und Angeln kann aufgeführt werden … aber bitte nicht mit 10 Sportarten glänzen wollen. Da sind Sie schnell als Schwätzer, Blender oder gar Faulpelz überführt. So viel Zeit haben Sie ja gar nicht im neuen Job …

Ehrenamtliches Engagement

Selbstverständlich! Für Ihre Gemeinde, Nachbarn, Verwandtschaft …

Hobbys

Bitte nicht unausgefüllt lassen!

Mitgliedschaften

Aber ja doch! Diverse, vom Automobilclub bis hin zu beruflichen Zugehörigkeiten, denken Sie mal nach!

Veröffentlichungen und Vorträge

Natürlich haben Sie mindestens schon einige Vorträge oder PowerPoint-Präsentationen gehalten! Und immer erfolgreich!

Referenzen

Geben Sie unbedingt Referenzen an, aber bitte nicht Ihre Großmutter …

Arbeitsproben

Gerne, auf Wunsch bringen Sie etwas zum Vorstellungsgespräch mit.

Weitere Bemerkungen/Mitteilungen 9/9

Unbedingt, das ist Ihre Chance! Aber mit Köpfchen!
Jetzt haben Sie doch begriffen, worauf es hinausläuft, oder?

Online-Assessment / e-Assessment Center (eAC)

Im elektronischen Medienzeitalter war es nur eine Frage der Zeit, wann das Internet seine Rolle auch für die AC gesteuerte Personalauswahl wahrnehmen würde. Und so ist es kaum verwunderlich, dass immer mehr Unternehmen versuchen, geschickt und elektronisch elegant per Internet die Bewerberflut zu bewältigen. Sie lassen die Kandidaten durch Rekrutierungsspiele und Online-Assessments surfen, um so mögliche High Potentials schnell zu identifizieren, oder altdeutsch: um die Spreu vom Weizen zu trennen.

Die neu entwickelten Online-Assessment Center setzen darauf, jederzeit und an vielen Orten gleichzeitig eine Durchführung und vollautomatische Auswertung zu ermöglichen. Dabei geht es häufig um die Erfassung von

- verbalen Fähigkeiten
- numerischen Fähigkeiten
- diagrammatischen Fähigkeiten
- mechanisch/physikalischen Fähigkeiten

sowie um Wissens- und Persönlichkeitstests, die versuchen, das Bildungsniveau und wesentliche Charaktermerkmale der Online-AC-Mit-Spieler zu erfassen wie

- Eigenschaften
- Interessen
- Motive & Motivation

- Verhaltenstendenzen
- Arbeitsumfeldpräferenzen
- bevorzugte Vorgehensweisen/Führungseigenschaften.

Drei typische Konstruktionsprinzipien liegen einem Online-AC zugrunde:
Bei ***normativen*** Testverfahren wird durch eine gezielte Abfrage ermittelt, wie sich die untersuchten AC-Kandidaten im Vergleich zu einer oder mehreren Referenzgruppen sehen. Da sich die Ausprägung von Merkmalen zwischen Geschlechts-, Alters-, Ausbildungs-, Berufs- und Bevölkerungsgruppen unterscheidet, kann man so die AC-Kandidaten einer Gruppe zuordnen. Daraus abgeleitete Typisierungen ermöglichen die Bildung von Merkmalen für ganz bestimmte Personengruppen und erlauben eine interindividuelle Vergleichbarkeit der Messwerte. Bekannte Vertreter dieser Verfahren sind z. B. das Bochumer Persönlichkeitsinventar (BIP), der 6PF, der OPQ32 Test und viele weitere. Die Mehrzahl der Persönlichkeitstests gehört in diese Gruppe. Sie finden zu den eingesetzten Tests im Internet weitere Informationen: **www.berufsstrategie-exakt.de**
Die ***ipsativen*** Testverfahren ermitteln im Gegensatz zu den normativen Testverfahren, welche Verhaltensweisen und/oder Fähigkeiten in bestimmten Situationen von den AC-Kandidaten in der Vergangenheit immer wieder erfolgreich angewendet wurden. Dabei wird unterstellt, dass dieses Verhalten bevorzugt eingesetzt und so zum individuellen Verhaltensmuster (bei vergleichbaren Situationen) wird. Über ein Anforderungsprofil können nun gewünschte und vorhandene Verhaltensmuster verglichen werden.
Das ermöglicht einen intraindividuellen Vergleich von Eigenschaftsausprägungen (im Sinne: „Eigenschaft/Verhaltenstendenz A ist bei dem Kandidaten X stärker vorhanden als Verhaltenstendenz B"). Bekannte Vertreter dieser Verfahren sind z. B. Thomas International, DISC, Harrison Assessments.
Bei ***kriterienorientierten*** Testverfahren wird über eine Befragung versucht zu ermitteln, ob und wie stark ein bestimmtes Merkmal,

eine Eigenschaft oder Verhalten ausgeprägt ist. Dabei werden jedoch weder interindividuelle Vergleiche angestellt noch wird untersucht, ob dieses Verhalten intraindividuell ein klassisches Verhaltensmuster darstellt. Letztlich ist dieses Verfahren eine Mischung aus dem ipsativen und dem normativen Ansatz. Bekannte Vertreter sind der CAPtain-Test sowie Alpha-Plus.

Hauptargumente für den gezielten Einsatz von E-Recruiting-Tools sind eine angebliche Kostenreduktion und Handhabungseffizienz. Mehrsprachigkeit und leicht zu interpretierende Ergebnisse, die Entkopplung von Eingabe- und Ausgabesprache (kann quasi in allen Ländern/Sprachen zum Einsatz kommen) sowie das damit angestrebte innovative Image überzeugen immer mehr Unternehmen von diesem Auswahlverfahren. Einige Personaler halten ihre Online-Tests für genauso effektiv wie einen klassischen Paper & Pencil-Test, der mit Bewerbern vor Ort durchgeführt werden müsste. Die Kosten- und Zeitersparnis und die Beschleunigung des Recruitment-Prozesses für alle Seiten werden gelobt. So erhalten Bewerber ihr Feedback direkt am PC und müssen nicht mehr vor Ort erscheinen. Sicher reduziert das auch die Bewerberflut ...

Schwachstellen des Online-Assessments

Das Online-AC verspricht in unseren Augen mehr als es hält und exponiert sich damit noch stärker als sein realer großer Bruder. Die Kosten eines intelligenten IT-AC-Programms sind erheblich; billige, weil simple gestrickte Spielszenen und leicht durchschaubare Abfrage-/Spiel-Aufgaben sind noch weniger in der Lage, komplexes Sozialverhalten der Teilnehmer abzubilden.

Auch die Identifizierung der mitspielenden Bewerbungskandidaten und die Bedienungskontrolle sind problematisch.

So lässt sich nicht kontrollieren, ob der Bewerber auch wirklich derjenige ist, der das virtuelle AC bearbeitet hat. Zum anderen wird man nicht sicherstellen können, dass alle Bewerber den Test unter gleichen Bedingungen absolvieren konnten. Schlauberger machen

sich vorher kundig und üben sich ein, um dann zu glänzen ...
Nicht unwichtig erscheint uns dabei der Aspekt, dass es Kandidaten geben wird, die durch ihre technischen Kompetenzen und Fähigkeiten leicht in der Lage sind, ein eAC „zu überlisten“ und somit auf der Liste der e-Bewerber sicherer oben landen werden. Andererseits kann es durchaus sehr gute Bewerber geben, die aber technisch ungeübt bis unbegabt sind und dann beim eAC schlecht abschneiden oder entnervt vorzeitig aussteigen.
Interessant ist dabei die Frage, wie Männer und Frauen im Vergleich mit diesen eACs klar kommen und abschneiden. Sicherlich sind eher Männer im Umgang mit Computerspielen geübt, auch wenn heutzutage schon zunehmend Frauen Computerspiele zur Unterhaltung nutzen. Hierbei zeigt sich jedoch, dass Männer tendenziell mehr konfrontative „Sieger/Verlierer-Action-Games“ und Frauen eher sogenannte friedvoll, kreative, wie z. B. Denkspiele oder strategische Spiele, zur Unterhaltung bevorzugen.
Nur scheinbar bieten internetbasierte AC-Systeme die Vorzüge standardisierter Personalbeurteilung bei zusätzlicher Steigerung der Effizienz. Dementsprechend folgen den Onlinetests, die als eine Art „Pre-Assessment“ dienen, meist mehrteilige Bewerbertrainings/-interviews vor Ort. Die Kandidaten, die bei einem Onlinetest bestehen und also e-erwählt sind, lädt man dann also doch wieder lieber zum „richtigen“ AC und/oder weiteren persönlichen Gesprächen ein.

Beispiele für Online-ACs und Erläuterungen
www.recrutainment.de/uniquest/simulation.html
www.eligo.de
www.alpha-test.de/
www.cyquest.de/

Die drei wichtigsten Tipps zum Online-Assessment

1. Lassen Sie sich durch ein etwas anderes Medium, eine andere Darbietungsart nicht verunsichern.
2. Auch auf diese Formen kann man sich bestens vorbereiten.
3. Übung macht den Meister.

Erlebnisbericht zum eAC „Karrierejagd“ von Cyquest

Nach erfolgreichen neun Semestern Betriebswirtschaft habe ich zunächst drei Jahre im Bereich Marketing für ein mittelständisches Unternehmen in meinem Heimatort gearbeitet. Mein Ziel – Marketingprojekte bei einem größeren Konzern zu realisieren – hatte ich jedoch stets im Hinterkopf und habe deshalb regelmäßig die Stellenanzeigen der größeren Tageszeitungen nach interessanten Angeboten durchsucht. Irgendwann stand dann im Wirtschaftsteil meiner Zeitung ein Bericht über ein neues virtuelles Probe-Auswahlverfahren, die Karrierejagd von Cyquest. Karrierechancen im Internet finden – ein interessanter Weg, der mich neugierig machte. Noch am selben Abend nahm ich die Herausforderung an.

Auf der Startseite werden zunächst die Kooperationspartner der Karrierejagd, beispielsweise Allianz, Deutsche Post und Lufthansa Technik genannt. Generell gibt es zwei verschiedene Versionen dieses Auswahlverfahrens: Einmal für Studenten, Absolventen, Berufstätige (diese habe ich ausgewählt) oder einmal für Schüler, Azubis, Schulabgänger. Diese Aufteilung macht u.a. deshalb Sinn, da auf erfolgreiche Karrierejäger neben potenziellen Festanstellungen auch Praktika, Ausbildungsplätze, Abschlussarbeiten und diverse Preise, z.B. Bücher, warten.

Bevor es nun richtig losging, mussten erst noch zwei wichtige

Punkte abgearbeitet werden: Zunächst einmal galt es, ein eigenes Profil mit Name, Passwort, E-Mail-Adresse anzulegen; somit konnte ich dann jederzeit den Test unterbrechen bzw. wieder aufnehmen. Außerdem hatte ich noch die umfangreichen Datenschutzbestimmungen zu lesen und die hierfür notwendigen Einwilligungen zu geben. Dieser Aufwand war berechtigt, denn während der Karrierejagd wurden nicht nur Problemlösungsfähigkeiten, soziale Kompetenzen, Aktivitätspotenziale, sondern auch soziodemografische Daten sowie Informationen zu meinem Mediennutzungs- und Konsumverhalten gesammelt. Laut Eigenaussage von Cyquest werden diese Daten nicht nur zur effizienten Personalvermittlung, sondern auch für gezielte Produktwerbung genutzt.

Wie auch immer, die Frage, was mich wohl als Nächstes erwarten würde, konnte durch „Ned“ beantwortet werden. Mein von jetzt an ständiger Begleiter, der positiv verrückte Alien Ned, passte hierbei perfekt zum futuristischen Zeichentrickfilm-Ambiente des Auswahlverfahrens. Im weiteren Verlauf lernte ich dann auch noch Ned's Freunde kennen; beispielsweise die Lifestyle-Wissenschaftlerin Nelli oder den Netzmechaniker Netto – alle zusammen eine bunte Mischung an liebevollen, seltsamen Zeitgenossen.

Nachdem Ned und ich uns bekannt gemacht hatten, begleitete ich ihn mit einigen Mausklicks auf dem Weg zum sogenannten Helden-Quiz. Dies und die zwischendurch gestellten Fragen zum Geburtsdatum und Studiengang stellten keine große technische Herausforderung dar. Beim Quiz angekommen trafen wir den überdrehten Moderator FastMax. Auf einer 6er-Skala von „trifft voll zu“ bis „trifft gar nicht zu“ waren nun Fragen im Stil von „Wenn ich das Gefühl habe, dass etwas nicht stimmt, spreche ich das geradeheraus an, auch wenn ich mich damit unbeliebt mache.“ zu beantworten.

Zwischen den Befragungen plauderten die computergenerierten Mitspieler stets sehr locker, unkonventionell vor sich hin bzw.

sprachen mich auch direkt an. Leider waren das manchmal wirklich sehr lange Texte, die mit ihrem merkwürdig schrägen Humor bestimmt nicht jedermanns Geschmack trafen. Jedoch, und dies merkte ich erst später, die hier verbreiteten Informationen sollten bei bestimmten Aufgaben noch einmal sehr wichtig werden.

Doch auf ging's zur nächsten Station: Jetzt musste die empfohlene Bewerbungsform der Deutschen Post benannt werden. Hierzu wurde zur besseren Recherche auch gleich der passende Link angegeben. Nach dieser Übung waren dann Fragen zum Wunscharbeitsplatz dran. Es folgte eine Frage zum Bildungsprogramm der Lufthansa Technik, wieder inklusive eines passenden Links. Nach Absolvierung dieser Aufgabe wurde man mit Fragen zum Umgang innerhalb bestimmter Teamstrukturen konfrontiert. Im weiteren Verlauf der Karrierejagd folgten nun im Wechsel die schon bekannten Recherchefragen, Abfragen von Bewerberinformationen, Fragen zur Teamarbeit sowie die humorvoll seltsamen Unterhaltungen mit den virtuellen Teilnehmern.

Kurz bevor es fast schon langweilig wurde, gab es eine neue Aufgabenstellung: Ned und seine Freunde wollten ihre Reise zum Nordpol vorbereiten und ich sollte nun die unterschiedlichen Aufgaben, z.B. Müll wegräumen oder im Freibad anrufen, bestmöglich unter den Mitspielern und mir aufteilen. Spätestens an dieser Stelle zeigte sich die Bedeutung des aufmerksamen Lesens der ständigen Unterhaltungen. Eine fundierte Einschätzung zu den Stärken und Schwächen der Reisegruppe hätte ich, ohne die Texte zuvor aufmerksam gelesen zu haben, nicht vornehmen können.

Ehe es nun zurück zur Quizshow ging, sollte ich zunächst noch einmal schnell einen Teamleiter für die Reisegruppe bestimmen. Bei FastMax angekommen, schlüpfte ich dann in die Rolle eines Geschäftsführers, der unter verschiedenen Anbietern einen neuen Auftrag auszuwählen hatte. Eine etwas komplizierte

Entscheidung, da hierfür stets eine ganze Reihe an Faktoren, u. a. die langfristige Firmenstrategie, eine Rolle spielen. Als Nächstes standen dann recht einfache Wissens- und Logikfragen auf dem Plan, die zusätzlich unter realem Zeitdruck zu bewältigen waren. Umrahmt von weiteren Teammanagement-Fragen folgte eine recht knifflige Postkorbübung (Dauer: 15 min), bei der ich die Rolle des Studenten Hanno Hasko zu übernehmen hatte. Auf Basis seiner letzten Maileingänge sowie unter Berücksichtigung der zeitlichen Vorgaben galt es eine kluge Auswahl zu treffen: Termin absagen, Termin übernehmen, Termin bzw. Aufgabe weiterleiten.

Nach Bewältigung dieses Abschnitts steuerte die Rahmenhandlung der ca. 60 min dauernden Karrierejagd auch endlich ihrem Ende zu und ich hatte dann umgehend die Möglichkeit, meine Testergebnisse anzuschauen. Zur Auswertung werden laut Cyquest unterschiedliche Soft-Skill-Erhebungsinstrumente sowie diverse psychometrische Verfahren herangezogen, um im Resultat entsprechende Aussagen zur Problemlösefähigkeit, dem Aktivitätspotenzial und der sozialen Kompetenz des Bewerbers vornehmen zu können. Diese kompliziert klingenden Aspekte konnte ich jedoch gut in der verständlichen Auswertungsdatei durcharbeiten, da meine Ergebnisse stets in Relation zu den Mittelwerten der Vergleichsgruppe angezeigt wurden. Im Detail waren meine Werte in der Mehrheit leicht überdurchschnittlich und nur ganz selten unter dem Durchschnitt.

Mein Fazit: Bei der Karrierejagd verbirgt sich unter einer verspielt-humorvollen Oberfläche ein umfangreiches Auswahlverfahren, das aus unterschiedlich schwierigen Aufgaben besteht. Generell sehr einfach ist hierbei die Steuerung, wobei man auch stets freundlich auf mögliche Bedienfehler hingewiesen wird. Die virtuellen Mitspieler, Ned und seine Freunde, vermitteln durchaus Interaktivität, geben individuelle Rückmeldungen, treffen aber mit ihrer skurrilen Art nicht unbedingt jedermanns Humor. Nun, für mich war es okay, auch wenn ich über solch einen neuen, virtuellen Weg leider nie ein Jobangebot erhielt. Jedoch, kürzlich habe ich durch den Kontakt zu einem früheren Arbeitskollegen eine sehr interessante Stelle in einem international agierenden Unternehmen gefunden – manchmal kommt man auch ohne Jagd zum Ziel (siehe auch im Internet unter: **www.cyquest.de**).

Networking

Die Vielfalt der Netzwerke

Der Satz „Der hat seinen Job ja nur bekommen, weil er XY kennt ..." impliziert häufig, dass es mit der Leistung des Betreffenden nicht weit her sein kann. Das ist ein Trugschluss. Denn niemand kann es sich in Zeiten wie diesen leisten, Stellen aus purer Freundschaft zu verschenken. Dazu sind die Gefüge in den Firmen viel zu fragil und anfällig und der Konkurrenzdruck zu hoch, um sich eine leistungsmäßige Schwachstelle zu erlauben.

Networking – oder Netzwerken – umfasst alles, was zum Aufbau und zur Pflege eines soliden Kontaktnetzwerks notwendig ist, um damit bestimmte berufliche Ziele erreichen zu können. Dazu gehört die sorgsame Auswahl an Kontakten ebenso wie ein bestimmtes Verhalten, die Network-Etikette. Ein gut funktionierendes Netzwerk basiert grundsätzlich auf Vertrauen, Loyalität, Gegenseitigkeit, Hilfsbereitschaft, Freiwilligkeit und Ehrlichkeit. Vor allen Dingen braucht der Aufbau aber Zeit und Fingerspitzengefühl.

Dabei liegt es in der menschlichen Natur, Kontakte zu knüpfen und zu nutzen. Das Bilden von Interessensgemeinschaften zieht sich durch die Geschichte – bestes Beispiel sind die Kaufmannsgilden, die Zünfte oder die Hanse. Auch die Freimaurerlogen, Zirkel und Salons sind Netzwerke. Immer schon waren diese Netzwerke Regeln unterworfen. Je nach Zielrichtung und Zusammensetzung wurde auch der Zutritt streng geregelt.

Netzwerke der heutigen Zeit haben viele Gesichter. Sie sind regional oder überregional, offen oder geschlossen, real oder virtuell. Und Sie, Sie haben die Wahl. Schon der Name eines Netzwerks sagt Ihnen einiges über dessen Sinn, Zweck und Ziel. Weist er einen regionalen Bezug auf, geht es um das Aktivieren und Bündeln beruflicher Energien in der betreffenden Region, vielleicht sogar ausschließlich für eine bestimmte Berufsgruppe. Ein Alumni-Netzwerk spricht ehemalige Absolventen einer bestimmten Hochschule an, der Bund Junger Unternehmer richtet sich ausschließlich an junge

Unternehmer etc. Ebenso lässt sich an einem Namen natürlich auch erkennen, ob die Kontakte deutschland-, europa- oder sogar weltweit verstreut sind.
Offene Netzwerke bieten meist Informationen für Interessenten unabhängig von Branche und/oder Region, wie z. B. Handelskammern, gemeinnützige Organisationen etc. Dort erhalten Sie beispielsweise alle möglichen Tipps, Ratschläge und Veranstaltungstermine, um an weitere wertvolle Kontakte heranzukommen. Offene Netzwerke arbeiten auch daran, eine Lobby für ein bestimmtes Interesse oder ein bestimmtes Thema zu schaffen. Allerdings sind sie häufig sehr groß, ihre Aktivität des Kontaktepflegens sollte also nur auf einen kleinen Teil der Mitglieder beschränkt sein.
Wesentlich sensibler sind geschlossene Netzwerke. Sie haben sehr strenge Zutrittsregelungen – konkrete Aufnahmebedingungen wie die Zugehörigkeit zu einem bestimmten Berufsstand, einem Geschlecht oder einem sozialen Status, einen Verhaltenskodex oder einem Mitgliedsbeitrag zum Schutz ihrer Mitglieder und ihres Fach- und Insiderwissens vor allzu großer öffentlicher Anteilnahme. Einige Netzwerke genießen einen solchen exklusiven und fachlich ausgezeichneten Ruf in der Geschäftswelt, dass eine Mitgliedschaft bereits den eigenen beruflichen Stellenwert erheblich aufwertet. Die Aufnahme in solche Netzwerke erfolgt nur über Antrag oder die Empfehlung eines Mitglieds. Der positive Bescheid richtet sich häufig danach, wie hoch die Mitglieder Ihren Wert für das Netzwerk ansehen – durch Ihre berufliche Position oder Ihr eigenes Kontaktnetzwerk.

Virtuelle Netzwerke

Jeder Mensch hat bereits ein Kontaktnetzwerk in der Realität – Familie, Freunde, (Studien-) Kollegen, Geschäftspartner etc. Es liegt an Ihnen, erstens, sich das bewusst zu machen, und zweitens, es bestmöglich zu nutzen, eingeschlafene Kontakte (mit aller Vorsicht) zu reaktivieren, neue zu knüpfen, zwischen Ihren Kontakten zum Nutzen aller zu vermitteln etc.

Dies geschieht unter Einhaltung gewisser Regeln (siehe „Die Networketikette"). Aber auch das Internet bietet immer mehr Möglichkeiten, Kontakte zu finden, zu knüpfen und zu pflegen. „Social Networking" heißt das Zauberwort. Diese virtuellen Netzwerke haben einen entscheidenden Vorteil: Sie geben Ihnen Gelegenheit, Kontakte über regionale und hierarchische Grenzen zu knüpfen.

Bekanntschaften, Freunde und Partner finden Sie über offene Plattformen wie myspace oder bei Facebook. Bereits Schüler lernen die Kunst des Netzwerkens über das SchülerVZ, das sämtliche Schulen Deutschlands miteinander verbindet, Studenten betreiben es weiter in ihrem StudiVZ, und Berufstätige profilieren sich auf Businessplattformen wie XING oder LinkedIn.

Jedes Netzwerk, ob offen oder geschlossen, wird moderiert. So soll ausgeschlossen werden, dass Daten der Mitglieder oder die Plattform selbst für widerrechtliche Aktivitäten missbraucht oder Beleidigungen ausgesprochen werden. Selbst in Business-Plattformen wie XING kommt der Faktor „social" nicht zu kurz. Dort können Gruppen sowohl zu Berufs- als auch Freizeitthemen gegründet werden. Die jeweiligen Moderatoren (s. auch Seite 199) sind frei in ihrer Entscheidung, ihre Gruppe als offenes oder geschlossenes „Netzwerk im Netzwerk" zu gestalten.

Das Internet hat durch seine technischen Möglichkeiten gegenüber realen Netzwerken einen entscheidenden Vorteil: die Schnelligkeit. Neueste Entwicklungen können blitzschnell an die Mitglieder weitergereicht werden, Entscheidungen getroffen werden, Ratschläge erteilt, spontane Treffen arrangiert werden etc. Reale Netzwerke wie Berufsverbände, Gewerkschaften und Interessensgemeinschaften machen sich diesen Umstand längst zunutze.

Was Ihnen ein Netzwerk bringt

Kennzeichen eines stabilen effektiven Netzwerks ist die Ausgewogenheit im Geben und Nehmen. Jeder sollte einen Nutzen davon haben. Die Basis ist, sich gegenseitig zu helfen, im Rahmen der jeweiligen Möglichkeiten, seinen beruflichen Zielen näher zu kommen. Das Ideal ist eine sogenannte Win-Win-Situation.

Ihr Nutzen sind immer neue Ansprechpartner für Ihre Fragen und damit eine große Vielfalt an Ansichten, aus denen Sie sich dann Ihre eigene Meinung bilden können. Zwischen den Mitgliedern existiert ein schneller Informationsfluss über News aus der Branche, wichtige Termine, einflussreiche Ansprechpartner etc. Virtuelle Kontakte können selbstverständlich auch privat gepflegt werden. Das sollten sie sogar, denn eines erspürt ein virtuelles Netzwerk nicht: die „Chemie". Trotz aller Sympathie, die durch regelmäßige Postings entsteht – eine persönliche Begegnung wird in jedem Fall die Sympathie verstärken oder falsche Eindrücke korrigieren. Außerdem birgt ein persönliches Gespräch immer mehr Möglichkeiten, mehr über den anderen zu erfahren. Dinge wie Stimme, Mimik und Gestik, das Auftreten und das Verhalten anderen Menschen gegenüber sind unerlässlich, um einen Menschen ganz einschätzen zu können und eine wirkliche Vertrauensbasis aufzubauen.

Je intensiver Sie sich an Ihrem Netzwerk beteiligen, desto eher können Sie sich mit Ihrem Wissen profilieren, werden also selbst zum begehrten Ansprechpartner – z. B. von potenziellen Kunden. Haben Sie ein Anliegen, dürfen Sie in Ihrem Netzwerk effektiv dafür werben. Sie können sich auch nach außen empfehlen durch die Übernahme von Ämtern wie z. B. der Moderatorentätigkeit oder der Bereitschaft, „echte" Treffen zu organisieren.

Ein weiterer Vorteil: Sie sparen sich durch Ihr Netzwerk kostbare Zeit, die Sie ansonsten investieren müssten, um sich passende Kontakte zu suchen. Außerdem können Sie Ihre soziale Kompetenz unter Beweis stellen. Gelten Sie als hilfsbereit und zuverlässig, profitieren Sie davon, wenn Sie einmal Hilfestellung brauchen. Außerdem bekommen Sie jede Menge neue berufliche Impulse und Anregungen. Konkretester Nutzen ist in jedem Fall die Akquirierung eines neuen Jobs oder neuer Aufträge.

Was ein guter Netzwerker braucht

Für den größtmöglichen Nutzen aller muss jeder Netzwerker bestimmte Voraussetzungen mitbringen:
Natürlich sollte er über ein gewisses Fachwissen verfügen und unter Beweis stellen können, dass er zumindest Erfahrung in seinem Metier hat. Idealerweise hat er selbst bereits ein gutes Kontaktnetzwerk, das er einbringen kann. Grundvoraussetzung ist natürlich, dass er sein Wissen mit den Mitgliedern teilen möchte und sich nicht nur als Nutznießer des Wissens anderer präsentiert.
Networking bedeutet aber auch ein hohes Maß an sozialer Kompetenz. Zuallererst sollten Sie die Regeln der Networketikette kennen (mehr dazu im nächsten Abschnitt), um sich das nötige Vertrauen innerhalb Ihres Netzwerks zu erwerben.
Als interessanter Netzwerker sollten Sie über Menschenkenntnis verfügen, um die richtigen Kontakte auszuwählen und ein Netzwerk nicht durch wahlloses „Einsammeln" von Kontakten zu gefährden. Kontaktfreude ist notwendig, aber nur in der richtigen Dosierung. Wichtig ist Loyalität, Respekt (auch vor anderen Meinungen), Einfühlungsvermögen, die Bereitschaft zu vermitteln, Kompromissbereitschaft, aber vor allem – Hilfsbereitschaft. Haben Sie selbst Hilfestellung erhalten, sollten Sie dies unbedingt anerkennen und Ihrerseits Hilfe im Rahmen Ihrer Möglichkeiten anbieten.

Die Networketikette

Es ist bereits schon öfter angeklungen: Der Garant für Ihren guten Ruf innerhalb eines Netzwerks ist die Einhaltung der Regeln der Networketikette.

Noch einmal: Grundlage jedes Netzwerks ist gegenseitiges Verrauen, Loyalität, ausgewogenes Geben und Nehmen, Freiwilligkeit, Hilfsbereitschaft, Toleranz, Ehrlichkeit, Respekt, Höflichkeit und Diskretion.
Kommen Sie neu in ein Netzwerk, halten Sie sich erst einmal zurück und achten Sie darauf, welchen Umgangston die Mitglieder untereinander pflegen, um was es ihnen hauptsächlich geht und agieren Sie erst einmal zuvorkommend. Bevor Sie um Hilfe bitten, bieten Sie Ihre Hilfe an. So kommen Sie gar nicht erst in den Ruf, die neuen Kontakte gleich ausnützen zu wollen. Lassen Sie sich aber nicht benutzen. Auch als „Neuer" haben Sie immer das Recht, höflich Ihre Grenzen zu setzen.
Wenn Sie sich unsicher sind, einen Kontakt innerhalb der Gruppe oder innerhalb eines virtuellen Netzwerks aufzunehmen, bitten Sie jemanden, den Sie schon kennen oder bei dem Sie sich leichter tun, Sie einander vorzustellen. XING verfügt über eine solche Funktion. Erleichtert wird die Kontaktaufnahme auch durch einen Balken, der Ihre Verbindungen zu dieser Person anzeigt. Diese Verbindungen sehen sowohl Sie als auch Ihre Kontaktperson. Es spricht also nichts dagegen, sich auf einen gemeinsamen direkten Kontakt zu beziehen. Allerdings sollten Sie das vorher mit dieser Person abklären.
Haben Sie um Kontakt gebeten, und der Betreffende reagiert nicht, belassen Sie es am besten dabei – oder fragen Sie höflich nach ein, zwei Wochen noch einmal nach. Vielleicht haben Sie ja eines Tages einen Aufhänger, mit dem Sie sich wieder an ihn wenden können.
Wie im echten Leben gehört es auch im Netz zum guten Ton, eine Gegenleistung anzubieten, wenn Sie um einen Gefallen oder um Hilfe bitten (mehr zu diesem Thema finden Sie im Kapitel „Wie Sie um Hilfe bitten"). Bedanken Sie sich in jedem Fall, auch wenn Ihnen ein Hilfsangebot nichts nützt.
Bringen Sie niemals Ihre Kontaktperson in Verlegenheit. Seien Sie diskret und gehen Sie nicht mit wichtigen Kontakten hausieren. Behalten Sie die Namen Ihrer Kontakte für sich, wenn diese lieber

im Hintergrund bleiben wollen. Fragen Sie immer nach, ob Sie den Namen eines Kontakts als Referenz für Ihre Leistungen nennen oder sich auf ihn beziehen können. Diskret sollten Sie auch mit Informationen umgehen, die Sie erhalten. Gerade im geschäftlichen Umfeld kann ein falsches Wort fatale Folgen haben, für Ihren Kontakt und für Sie. Sie müssen sich nicht verpflichtet fühlen, zwangsläufig Ihr Wissen mit anderen zu teilen, nur weil sie Mitglieder Ihres Netzwerks sind.

Versprechen Sie nur, was Sie auch halten können. Ansonsten ist es ratsam, jemand anderen zu empfehlen. Eine gute Empfehlung kann Ihr Ansehen auch erheblich steigern. Sollten Sie sich wider Erwarten nicht an Verabredungen halten können, geben Sie rechtzeitig Bescheid, um Ihren Kontakt nicht in Bedrängnis zu bringen.

Sollte Ihnen jemand einen Gefallen schulden, fordern Sie ihn nicht ein, wenn Sie merken, dass Sie Ihren Kontakt damit in Schwierigkeiten bringen. Das Gefühl von Abhängigkeit ist für niemanden angenehm.

Um nicht den Ruf eines Vorteilsnehmers zu bekommen und um immer auf dem Laufenden zu sein, empfiehlt es sich, auch seine virtuellen Kontakte zu pflegen. XING listet zu diesem Zweck beispielsweise die Geburtstage Ihrer direkten Kontakte im Newsletter auf – eine kleine Gedankenstütze, sich bei Ihren Kontakten wieder einmal in Erinnerung zu rufen. Halten Sie Verbindung, auch wenn aktuell keine beruflichen Gründe vorliegen.

Wählen Sie Ihre Kontakte sorgfältig aus. In vielen Netzwerken gibt es regelrechte „Kontaktefänger" (erkennbar an tausenden Kontakten innerhalb kürzester Zeit), denen es vermutlich eher um Quantität als um Qualität geht. Vorsicht ist auf alle Fälle geboten, wem Sie Ihre Kontaktdaten freigeben – auch im Interesse Ihrer Kontakte, deren Profile dann ebenfalls einsehbar werden. Sollten Sie Kontakt zu jemandem aus Ihrer Vergangenheit aufnehmen, empfiehlt sich auch hier Fingerspitzengefühl. Jemanden zu kontaktieren, den Sie nachweislich nie mochten, der Ihnen aber beruflich jetzt nutzen könnte, ist durchsichtig und wird auf wenig Gegenliebe stoßen.

Ihre Spuren im Netz

Die Empfehlung, sich an die Regeln des Networking im Internet zu halten, hat nicht nur zwischenmenschliche Gründe. Es geht auch um Ihr Bild, das im Netz kursiert. Denn viele Ihrer Aktivitäten hinterlassen Spuren im Netz – und die meisten User sind sich darüber gar nicht im Klaren. Diesen Umstand machen sich jedoch viele Personaler zunutze, wenn es darum geht, eine Position bestmöglich zu besetzen. Gibt es drei scheinbar gleichwertige Kandidaten, entscheidet vor allem die „Personality" (Stichwort KLP). Und die wird gründlich durchleuchtet.

Sie sind auf Onlineplattformen wie Facebook, myspace, Youtube, StudiVZ oder XING registriert? Dann wird Sie ein Personaler dort finden und sich ein Bild über Sie machen können. All diese Plattformen laden ein zu chatten, zu bloggen, sich zu vernetzen, Freunde zu finden, seine Meinung zu sagen. Und das ist genau das Problem. Durch die schnell entstehende Vertrautheit gibt mancher Kommentare aus der Emotion heraus ab, die er viel später vielleicht bereut. Zu löschen ist dies in den meisten Fällen nicht. Plattformen wie XING haben zwar eine Funktion „Bearbeiten", durch die man Artikel korrigieren kann. Aber dazu müsste man erst einmal darauf kommen, dass man sie vielleicht doch besser korrigieren sollte.

Das Fatale dabei ist: Das sind die Spuren, die Sie selbst gelegt haben – bewusst oder unbewusst. Jedes Mal, wenn Sie sich auf irgendeiner Seite registrieren, jedes Mal, wenn Sie eine Datenschutzbestimmung akzeptiert haben, hinterlassen Sie eine Spur, über die Sie zu finden sind.

Nicht immer sind Sie aber Herr darüber, wer außer Ihnen sonst noch für Spuren zu Ihrer Person sorgt. Statements, die Sie vor Jahren zu irgendeinem Thema veröffentlicht haben, können ins Netz wandern, oder Freunde stellen Fotos ins Netz, auf denen Sie wild feiernd und nicht mehr ganz bei sich zu sehen sind. Vielleicht möchte Ihr Arbeitgeber seine Firma den Kunden ein wenig näher bringen und setzt eine Rubrik auf seine Website mit dem Titel „Unser Team", auf dem Sie mit Angabe Ihrer Firmen-E-Mail-Adresse zu sehen sind. Oder Sie sind im Fernsehen im Hintergrund einer Reportage zu sehen, bei der es um ein sportliches Großereignis oder aber um die Trinkgewohnheiten der Deutschen auf dem Ballermann geht.

All das ist der Stoff, aus dem sich ein Personaler seine Meinung bildet. Die Möglichkeiten sind vielfältig. Vielleicht interessiert er sich dafür, wie Sie im Moment so leben (noch ohne Sie zu kennen, wohlgemerkt). Über Google Maps oder Google Earth gibt er Ihre Adresse ein, und weiß bereits Bescheid über Ihre momentane private Umgebung und/oder Ihren sozialen Status. Wohnen Sie in einer Wohnsiedlung in einem Brennpunkt der Stadt oder sind Sie eher ein Eigenbrötler, der einsam auf einem abgeschiedenen Bauernhof lebt? Wären Sie in diesem Fall wirklich so geeignet für die Stelle als PR-Manager, für den nun wirklich die Nähe zu Menschen eine Voraussetzung ist?

Auch Ihre Kommentare in den diversen Onlineplattformen verraten eine Menge über Sie: Sind Sie ein notorischer Stänkerer oder ändern Sie permanent Ihre Meinung? Machen Sie sich über andere Mitglieder lustig oder versuchen Sie zu vermitteln? Natürlich findet er es auch psychologisch ausgesprochen interessant, was Sie in Ihrer Freizeit so lesen. Sie sind auf Amazon registriert und haben dort einen Wunschzettel angelegt? Den wird dann bald auch der Personaler kennen, dem Sie sich andienen. Außerdem ist natürlich jeder Hinweis auf Krankheiten, sexuelle Ausrichtung oder Ihre politische Meinung ganz besonders spannend. Schließlich darf er Sie ja danach nicht fragen. Aber vielleicht haben Sie es ihm ja bereits, ohne es zu wissen, verraten – über Ihre Spuren im Netz.

Das Internet selbst hilft, jede einzelne Spur zu finden – über die Personensuchmaschine yasni. Der Titel „Was weiß das Netz über Dich?“ sagt alles! Denn er verrät auch einem Personaler, was das Netz über Sie sagt. Zum einen will Ihnen die Plattform Gewissheit verschaffen, was im Internet über Sie zu finden ist. In einer Schnellsuche finden Sie allerdings nur einen ersten Eindruck. Wollen Sie alles wissen, müssen Sie sich wieder einmal registrieren. Haben Sie dann alle

Informationen über sich erhalten, können Sie bestimmen, was von Ihren Spuren an erster Stelle zu lesen sein soll. Und ganz wichtig: Sie können sich distanzieren von Namensvettern, mit denen man besser nicht verwechselt werden sollte. Ein Werner-Wilhelm Wukaseck wird mit Namensvettern eher weniger Probleme haben. Ein Andreas Müller schon. Yasni findet alles, vom glühenden Pamphlet gegen Wackersdorf von vor 20 Jahren über all Ihre Fotos im Netz bis hin zu Ihren finanziellen Beteiligungen zum Beispiel als Gesellschafter oder Teilhaber. Sie wissen damit, was auf Sie zukommen kann, ein Personaler hat genug Material, um weiterzuforschen und Sie einzuschätzen.

Der Nachteil: Sie haben keine Chance, sich zu rechtfertigen. Wer sagt denn, dass Sie sich am Exzess der Deutschen auf dem Ballermann beteiligt hatten? Sie sind nur zufällig vorbeigekommen, als die Kamera lief. Ihre Einstellung, derentwegen Sie wütend in Wackersdorf protestierten, haben Sie lange geändert. Das wird den Personaler des Energieriesen, bei dem Sie sich um eine gute Position bewerben, schon nicht mehr interessieren. Sie werden sich in den seltensten Fällen rechtfertigen können, denn ein Personaler wird Ihnen kaum von seinen Funden erzählen. Schon gar nicht, wenn er Sie aufgrund seiner „Erkenntnisse" überhaupt nicht einlädt. Ein gewisses Verständnis hat ein Personaler allerdings verdient. Es ist vollkommen klar, dass Sie von sich nur das beste Bild zeichnen. Ein solches wird auch auf Ihrer Bewerberhomepage zu finden sein. Eine Fehlbesetzung gerade in höheren und heiklen Positionen ist aber teuer und unter Umständen rufschädigend. Deswegen ist es sein gutes Recht, auch Ihre andere Seite zu erkunden, so es eine gibt und er sie findet. Auch rechtlich haben Sie wenig Handhabe. Wie gesagt, Sie haben zu der Spurensuche durch andere mit einem einzigen Klick auf diversen Seiten Ihr Einverständnis gegeben.

Der Vorteil: Vergangenes können Sie nicht verändern. Aber Sie können die Tatsache, wie merkfähig das Internet ist, zu Ihrem Vorteil nutzen. Dazu gehören eine perfekte Bewerberhomepage, Mitgliedschaften in beruflich interessanten Netzwerken, fachlich interessante Beiträge in Foren, vielleicht ein eigener Blog, das Engagement in sozialen Einrichtungen etc. Zeichnen Sie von sich das Bild des engagierten, interessierten Fachmanns mit Herz für seine Umgebung, betreiben Sie Ihr eigenes „Branding“, wie es in der Marketingsprache zu schön heißt. Achten Sie also auf Ihre E-Reputation und machen Sie sich selbst zur unverwechselbaren Marke, bei der man zuverlässig weiß, was man bekommt.

Tipps zum Verhalten im Netz

- Machen Sie sich klar, dass alles, was Sie im Internet platzieren, dort auch in alle Ewigkeit zu finden sein wird.
- Vermeiden Sie unbedingt jedes Statement zu intimen Dingen, die niemanden etwas angehen. Es ist erschütternd, wie leichtfertig Menschen im Internet z. B. unter ihrem vollem Namen in Selbsthilfeforen etc. über ihre Ängste, Nöte oder Süchte schreiben, ohne zu ahnen, wie sie sich selbst damit schaden oder, schlimmer noch, welche Munition sie damit eventuellen Gegnern bereitstellen.
- Überlegen Sie sich vorher, wen Sie als Kontaktperson im Netz annehmen. Je mehr Personen Sie an sich heranlassen, desto mehr Personen haben einen erleichterten Zugang zu Wissenswertem über Sie. Gerade auf Plattformen wie Facebook werden oftmals wahllos Freund- und Bekanntschaften geschlossen, ohne sich von der Person ein Bild zu machen.
- Bemühen Sie sich um eine gute Ausdrucksweise in Ihren Postings, bleiben Sie sachlich, zeigen Sie nur Ihre positiven Emotionen und liefern Sie so wenig wie möglich Angriffsfläche. Achten Sie vor allem auf Ihre Rechtschreibung.
- Zeichnen Sie ein positives Bild von sich – durch fachlich fundierte Postings, Fotos, die Sie auf beruflich wichtigen Veranstaltungen zeigen, Veröffentlichungen in Fachmagazinen, einem eigenen Blog etc.

Internetforen

Internetforen sind Plattformen, auf denen Mitglieder – je nach Forum registriert oder nicht registriert – Fragen zu bestimmten Themen an andere Mitglieder stellen, untereinander Informationen und Erfahrungsberichte austauschen oder ihre Meinung zur Diskussion stellen können.

Die Beiträge bzw. Artikel der Mitglieder nennt man in der Fachsprache „Postings". Die einzelnen Aspekte des Forum-Themas bzw. die Fragen dazu werden in den sogenannten „Threads" (= Draht, Faden) behandelt.

Foren sind meist moderiert, um Missbrauch, Beleidigungen oder (auch fachlich) falsche Angaben zu unterbinden. Dazu haben die Moderatoren gesonderte Benutzerfunktionen. So können sie einzelne Beiträge sperren oder löschen, Diskussionen beenden, und im schlimmsten Fall Mitglieder abmahnen oder sogar ganz sperren. In den meisten Fällen können die Threads aber auch von den Mitgliedern selbst eröffnet werden.

Die Mitglieder geben sich in vielen Foren sogenannte „nicknames" (= Spitznamen), um ihre Identität zu schützen. Statt ihrer Portraits sind meist sog. Avatare zu sehen, Comicfiguren, Bilder der Filmprominenz als Ersatz für ihre wahre Identität. Dies wird jedoch nur noch auf Freizeit-, Kennenlern- oder einigen Ratgeberportalen gehandhabt. Auf Business-Plattformen wie XING sind volle Benutzernamen erwünscht. Auch Expertenportale wie **www.wer-weiss-was.de** gehen zum Gebrauch zumindest der Vornamen über, nicknames wie wissensgranate29 sind aber nicht verpönt.

Für die Registrierung braucht man meist nur den Namen und seine E-Mail-Adresse. Jeder Nutzer hat zudem die Möglichkeit, sich die neuesten Nachrichten aus dem Forum zu abonnieren – über einen sogenannten RSS-Feed. RSS steht für „Really Simple Syndication". Dieses Programm spart seinem Abonnenten kostbare Downloadzeit und lästiges Surfen. Denn es vermittelt die Neuigkeiten einer Website auf den eigenen Rechner ohne Grafiken und Werbebanner als reine Textinformation. Auf den meisten Artikeln im Internet ist dieser Button mittlerweile zu finden. Welche Unternehmen und Medien auf ihren Seiten RSS-Feeds anbieten, finden Sie unter **www. rss-verzeichnis.de**. Sie werden auf dieser Seite auch über technische Details und die Frage aufgeklärt, wie Sie selbst RSS-Feeds auf Ihren Seiten installieren können.

Speziell zum Thema Stellensuche sind die Foren der Webseite **www.uni-protokolle.de/foren** eine beliebte Anlaufstelle, um Anregungen und Erfahrungsberichte zu bekommen, die nicht nur Uniabgängern nützlich sind. Unter dem Stichwort „Ausbildung & Beruf" finden sich verschiedene Foren zu den Themen IHK, Informationen zu vielerlei anderen Berufen und zu den Themen Ausbildung und Bewerbung. Mit zwei Millionen Besuchern pro Monat gehört die Seite – und damit das Forum – mittlerweile zu den meistbesuchten Seiten zu diesem Thema (laut eigener Aussage).

Für eine zielgerichtete Informations- und Stellensuche gibt es mittlerweile immer mehr berufsbezogene Internetforen Auch ein Internetforum speziell für Frauen, Femity-net, gibt Aufschluss über die neuesten Trends am Arbeitsmarkt, Studien und Verhaltenstipps zu den Themen Karriere, Karriere und Familie etc. Die Themen (z. B. Karriereplanung, Verdienstunterschiede zu Männern, Existenzgründung, aber auch zum Thema Reisen und Kultur etc.) werden meist von den Mitgliedern selbst zur Diskussion gestellt. Abgerundet wird das Forum durch eine eigene Stellenbörse.

Forumsbetreiber haben die Möglichkeit, sich mit anderen Foren oder Internetseiten zu verlinken – beispielsweise verlinkt sich eine XING-Gruppe mit einer Stellenbörse. Oder eine Stellenbörse betreibt ihr eigenes Forum, wie es beispielsweise die Stellenbörse „Monster" mit ihrer Community praktiziert.

Blogs

Eine neue Form der Selbstdarstellung im Internet, auch in Bezug auf berufliche Kompetenzen, sind Weblogs. Der Begriff stammt aus dem Englischen und tauchte zum ersten Mal auf der Website von Jorn Barger auf. Er setzt sich zusammen aus Teilen der Wörter, die sein Wesen charakterisieren – „Web" als Teil des World Wide Web, und „Log" von „Logbuch". Ein Weblog ist also ein Logbuch, ein öffentliches Tagebuch im Internet. Gängiger als der seit 1997 gebräuchliche Begriff Weblog ist mittlerweile seine Abkürzung „Blog".
Die Verfasser dieser Blogs, die Blogger, äußern in dieser Art „öffentlicher Tagebücher" ihre Gedanken zu einem bestimmten und idealerweise einzigen Thema – sei es aus ihrem Alltag, zu einem politischen oder zu einem gesellschaftlichen Thema. Im Unterschied zu einem Internetforum beschränkt sich die Aktivität des Lesers eines Blogs lediglich auf eine Kommentarfunktion. Der Blogger steht im Vordergrund und prägt mit seiner Schreibe „seinen" Blog.
Dies ist vielleicht einer der Hauptgründe, weswegen es verschiedene Blogger bereits zu einiger Berühmtheit nicht nur im Internet gebracht haben. Je interessanter, wortgewandter und fundierter ein Blog geschrieben ist, desto mehr Aufmerksamkeit erregt er im Netz – erkennbar an der steigenden Anzahl der „Klicks" interessierter Leser. Dies wiederum bleibt den Medien außerhalb der virtuellen Welt nicht verbogen. Talentierte Blog-Autoren haben auf diese Weise schon den Weg ins Verlagswesen gefunden.
Diese anfangs vermutlich unbeabsichtigten „Aschenbrödel"-Geschichten haben zu einem regelrechten Blog-Boom und zu den verschiedensten Varianten geführt. Auch Fachexperten haben den Vorteil dieser Art der Wissensverbreitung erkannt. Weit wichtiger wird aber ein anderer Effekt: Ein anerkannter Blog gilt mittlerweile als perfekte Möglichkeit, potenziellen Arbeitgebern seine fachliche Kompetenz auf relativ unaufdringliche Weise zu präsentieren. Bloggen ist also eine neue Variante der beruflichen Selbstdarstellung

und der Eigenwerbung. Je anerkannter ein Blog in der Fachwelt ist, desto größer die Wahrscheinlichkeit, dass sich auch ein potenzieller Arbeits- oder Auftraggeber auf den Seiten tummelt – und sich einen solchen Mitarbeiter bzw. Geschäftspartner nicht entgehen lassen will.

Am Ende oder an der Seite des Blogs befindet sich eine sog. Blogroll – eine (subjektiv getroffene) Zusammenstellung der für den jeweiligen Blogger wichtigsten anderen Blogs zum Thema bzw. der informativsten Links dazu.

Blogger verlinken sich gern. Das bedeutet, dass Artikel des Bloggers A auf dem Blog des Bloggers B zu finden sind – nebst Kommentar von B. Erkenntlich ist die Verlinkung an einem sog. Trackback. Die gegenseitigen Verlinkungen und Nennungen auf den Blogrolls beweisen den starken Zusammenhalt unter Bloggern, gerade wenn es um ein politisches oder gesellschaftliches Problem geht, das es zu lösen gilt. So erhalten Blogger aber auch einen gewissen Einfluss, den Medien, Politik und Wirtschaft immer öfter zu spüren bekommen.

Corporate Blogs – Mitarbeiter als Werber

Die Vorteile der Blogs entdecken auch mehr und mehr Firmen. In den sogenannten Corporate Blogs tauschen sich die Mitarbeiter und Vorstände quasi öffentlich über alle unternehmensrelevanten Themen aus – und bringen so für den Konsumenten interessantes Hintergrundwissen zu Unternehmen, Produkten und Dienstleistungen nach außen – unzensiert und authentisch, wie auf den Startseiten der Blogs häufig versichert wird. Für die Firmen ist das eine perfekte und vergleichsweise unkomplizierte Möglichkeit, bei ihren Kunden an Attraktivität zu gewinnen. Denn nach der Blogstudie von 2007 nutzt jeder Vierte der 600 von der Universität Leipzig befragten Internetuser Blogs auf der Suche nach genaueren Produktinformationen. Dazu kommt die Überzeugung von knapp drei Vierteln der Blogleser, dort Informationen zu den verschiedensten

Themen zu finden, die man sonst nicht finden würde.
Interessant ist für die Firmen auch das Feedback, das sie auf diese Weise von ihren Kunden erfahren. Die Erkenntnis über die Fachkompetenz mancher Blogger hat von Seiten der Unternehmen zu einer interessanten Marketingvariante geführt – der Einführung von Internet-Communities. Fachkompetente Kunden und Firmen tauschen sich zum beiderseitigen Nutzen in virtuellen Arbeitsgruppen über ihre Produkte und ihre Entwicklung aus. Das Anwerben eines besonders aktiven Community-Mitglieds als neuen Mitarbeiter ist dabei sicher nicht unwahrscheinlich.
Kein Wunder also, dass sich diese Entwicklung bei deutschen Unternehmen großer Beliebtheit erfreut. Deutsche Corporate Blogs gibt es z. B. von Daimler (**http://blog.daimler.de**) oder dem Tiefkühlkostunternehmen FROSTA (**www.frostablog.de**).

Mit Suchmaschinen zu Experten

Für Blogs und Foren gibt es mittlerweile eigene Suchmaschinen, um der Fülle noch Herr zu werden. Wer in diesen Suchmaschinen in den obersten Rängen zu finden ist, kann sich sicher sein, in der Community geschätzt zu werden. Denn „gerankt“ (= gelistet) wird nach Anzahl der Klicks.
Wer sich z. B. auf internationaler Ebene für Corporate Blogs interessiert, bekommt in der Suchmaschine Technorati (**http://technorati.com**) einen sehr genauen Überblick. Die besten deutschen Corporate Blogs finden sich u. a. unter dem Namen Top100-Business-Blogs im Netz: **http://top100-business-blogs.de**. Grundlage dieser Liste ist übrigens der Blog von Technorati.

Karriereblogger

Natürlich sind Bewerbung und Stellensuche sowohl bei Forenbetreibern als auch bei den Bloggern zu relevanten Themen geworden. Konsumentenbewerbung ist nur ein Teil des Ganzen – Corporate Blogs eignen sich hervorragend auch zur Mitarbeitergewinnung. Sie als Bewerber können durch diesen weitestgehend authentischen Einblick in das Unternehmen besser entscheiden, ob Ihnen das Unternehmen entspricht. Zudem erfahren Sie Informationen, die Sie in einem Vorstellungsgespräch gewinnbringend einsetzen können. So haben Sie Ihr Interesse am Unternehmen gleich mit bewiesen.

Als Stellensuchender unterstützen Blogger Sie aber auch in eigens für das Thema Bewerbung, Karriere und Stellensuche angelegten Blogs. Ein gutes Beispiel ist der Blog Secretsites (**www.secretsites.de/joblog/**) des Autors Marcus Tandler. Er kennt sich in der Materie aus, ist er doch ehemaliger Mitarbeiter der Stellenbörse jobscout 24. Sein JOBlog soll „unabhängiger Führer durch die Welt der Onlinebörsen“ sein und bietet außerdem noch jede Menge Artikel, Tipps und Querverweise zum Thema.

Hilfreich ist auch der Blog von Eva Zils: **www.online-recruiting.net**. Die gelernte Sprach- und Literaturwissenschaftlerin ist seit vielen Jahren auch international in der Personalwerbung tätig und gibt ihr Wissen und ihre Einschätzung der aktuellen Entwicklungen auf den Märkten in ihrem Blog wieder. Wer mit dem Ausland liebäugelt, findet hier eine reiche Auswahl an ausländischen Stellenbörsen und entsprechende Empfehlungen dazu. Außerdem finden sich hier Interviews mit interessanten Gesprächspartnern, beispielsweise mit dem Betreiber einer Stellenbörse, Berichte von Treffen mit anderen Jobbloggern, Anmerkungen zu Trends in der Personalentwicklung etc.

Eine subjektive Sicht der Dinge liegt dabei in der Natur der Sache. Genau das macht Blogs auch so interessant – sich aus der Vielzahl subjektiver Meinungen seine eigene zu bilden. Ziehen viele Blogger an einem Strang, werden sie zu einer Macht, die Unternehmen mittlerweile nicht mehr unterschätzen.

Nutzen Sie die Vorteile des Bloggens!

Spezialisieren Sie sich auf ganz bestimmte berufliche Themen und präsentieren Sie diese auf Ihrem eigenen Weblog in möglichst interessanter Weise. Durch ein bisschen Recherche in der Weblog-Suchmaschine **http://technorati.com** können Sie feststellen, zu welchen Themen noch kein Blog existiert. Oder Sie machen sich Gedanken über Ihre ganz speziellen Berufserfahrungen. Ein Beispiel: Wenn Sie als Händler exklusiver Autos arbeiten und durch Ihre vielen internationalen Reisen die unterschiedlichsten Verkäufermentalitäten und deren Erfolgsgeheimnisse kennengelernt haben, so sind diese Informationen interessante Inhalte für Ihren Weblog. Jeder, der sich für das spezielle Thema interessiert, kann sich bei Ihrem Blog registrieren lassen oder bestehende Beiträge kommentieren.
Bloggen ist also eine wunderbare Methode, sich kompetent im Netz zu präsentieren und mit anderen Fachleuten im Austausch zu sein. Es gibt jedoch auch einen Nachteil: Was einmal online publiziert ist, kann auch jederzeit per Suchmaschine gefunden werden. Achten Sie also, wie bereits erwähnt, auf Ihre E-Reputation!
Versuchen Sie, Ihren Weblog möglichst individuell zu gestalten und vergessen Sie auch nicht einen Bereich, in dem Sie sich mit Ihrer Persönlichkeit präsentieren. Versuchen Sie durch seriöse und kontinuierliche „Publikationen" eigener Beiträge wie Berichte, Artikel oder Kommentare einen Ruf als kompetenter Autor in der Fachwelt zu erlangen. Wählen Sie hierbei nicht nur Themen aus, die für Sie selbst interessant sind, sondern zusätzlich solche, die auch andere Fachleute interessieren könnten.
Bemühen Sie sich, den Besuchern Ihrer Seite einen Mehrwert zu bieten. Präsentieren Sie besonders wertvolles Fachwissen, erzählen Sie von speziellen Berufserfahrungen oder setzen Sie sich kritisch mit aktuellen beruflichen Trends auseinander. Zeigen Sie eindrucks-

voll, dass Sie auf Ihrem Gebiet ein Experte sind, egal ob Ihr Fachgebiet nun der Weinanbau, die Altenpflege oder die Umwelttechnik ist.

Setzen Sie stets selbst recherchierte, interessante Links auf Ihre Seite, um den Lesern noch mehr Nutzen zu bieten und denken Sie stets daran, Ihre Seite aktuell zu halten, also möglichst oft neue Texte einzustellen. Schreiben Sie zusätzlich auch für andere wichtige Weblogs und machen Sie damit Ihren Namen und Ihren eigenen Weblog noch bekannter.

Wichtige Regeln für das erfolgreiche Weblog:

- Entwerfen Sie eine leichte, benutzerfreundliche Navigation.
- Schaffen Sie für eine bestimmte Zielgruppe einen ganz konkreten Nutzen und präsentieren Sie sich entsprechend kompetent.
- Stellen Sie Ihre Persönlichkeit angenehm und sympathisch dar.
- Machen Sie Ihr Weblog über Suchmaschineneinträge bekannt.
- Bilden Sie Netzwerke und suchen Sie den Austausch zu anderen Fachleuten mit einem eigenen Weblog.

Dienstleister für den eigenen Blog
www.myblog.de
www.blog.de
www.diarius. de

Recruiting

Headhunter

Stellensuche muss nicht nur aktiv sein. Sie erhöhen Ihre Chancen erheblich, wenn Sie sich finden lassen – zum Beispiel, indem Sie Kontakt zu einem Headhunter aufnehmen. Dies empfiehlt sich jedoch nur, wenn Sie zumindest der mittleren Führungsetage angehören. Dass Headhunter lediglich die Top-Positionen sozusagen undercover und mit vielem geheimnisvollen Zauber vermitteln, ist mittlerweile eine antiquierte Vorstellung. Die Headhunter selbst haben darunter sehr zu leiden, denn sogar Personaler kommen deswegen häufig gar nicht auf die Idee, einen Headhunter zu beauftragen, wenn es beispielsweise um die Besetzung eines Sekretariatsarbeitsplatzes mit einem Jahresbruttoeinkommen von etwa 12 x 3 000 EUR geht.

Ebenfalls ein ewiger Quell von Missverständnissen ist der Unterschied zwischen einer Personalberatung und einem Headhunter.

Eine genaue Unterscheidung ist sehr schwierig. Einerseits gibt es Headhunter, die sich von Personalberatern distanzieren wie umgekehrt, andererseits findet man auf nicht wenigen Personalberater- und Headhunterwebsites den Begriff des Headhunters mit der Bezeichnung Personalberater erklärt.

Wenn es einen Unterschied gibt, lässt er sich am ehesten an den Berufsbezeichnungen selbst erklären. Wie der Name schon sagt, arbeitet der Headhunter im Vergleich als „Jäger“ eher aktiv, der Personalberater als „Berater“ eher passiv. Genau genommen unterscheiden sich die beiden Berufsgruppen durch den Einsatz der Direktansprache. Dieser Begriff (oder englisch „executive search“) ist mit der Bezeichnung „Headhunter“ verbunden. Headhunter sprechen geeignete Kandidaten direkt auf ihre Bereitschaft an, sich für die zu vermittelnde Stelle zu bewerben. Personalberater schalten Stellenanzeigen, suchen also anstelle des Auftraggebers auf konventionelle Weise. Die Direktansprache fällt nicht in ihr Metier. Sie beraten den Auftraggeber bei der richtigen Besetzung der Stelle und nehmen ihm die Arbeit ab, Anzeigen zu formulieren und zu schalten sowie unter den eingehenden Bewerbungen die richtige und beste Vorauswahl zu treffen.

Wie Sie von einem Headhunter profitieren

Natürlich erfüllt es einen mit Stolz, von einem Headhunter gesagt zu bekommen, er wäre auf *Sie* aufmerksam geworden. Sie müssen aber nicht unbedingt darauf warten, ob und wann ein solcher Anruf kommt. Sie können selbst dafür sorgen, indem Sie sich bei einem Headhunter bewerben. Viele Headhunter sind für eine Initiativbewerbung durchaus offen. Sie werden es also zu schätzen wissen, wenn Sie sie von sich aus auf sich aufmerksam machen – natürlich nur mit einer perfekten Bewerbung, die Ihre Talente und Qualifikationen bestens auf den Punkt bringt. Um weder Ihre noch die Zeit des Headhunters zu verschwenden, empfiehlt es sich allerdings, den für Ihre Zwecke und für Ihre Branche geeignetsten Headhunter ausfindig zu machen.
Hilfreich ist hier der Bundesverband Deutscher Unternehmensberater (BDU, **www.bdu.de**). Auf der Internetseite finden Sie Ihren richtigen Ansprechpartner, können aber auch überprüfen, ob ein Headhunter, der Sie angesprochen hat, in dieser Datenbank zu finden und somit seriös ist. Natürlich bedeutet es nicht zwangsläufig einen Mangel an Seriosität, wenn ein Headhunter dort nicht gelistet ist. Vorsicht ist aber, wie bei allen Angeboten im Internet, immer geboten. Die Berufsbezeichnung „Personalberater" oder „Headhunter" ist nicht geschützt. Deswegen finden Sie auf der Seite des BDU auch eine Auswahl an Kriterien, die ein seriöser Ansprechpartner erfüllen sollte. Sie gelten sowohl für Sie als Bewerber als auch für

den Personaler, der einen Berater oder Headhunter für sein Unternehmen sucht.
Zu den Kriterien gehören danach z. B. der Erfahrungsschatz des Unternehmens (beim BDU sind nur Personalberater gelistet, die seit fünf Jahren ihrer Tätigkeit nachgehen), die Qualität der überprüfbaren Referenzen, Sympathie, Problemverständnis, ein fundiertes und sachgerechtes Angebot etc.

Sich finden lassen

Ein weiterer Aspekt, den es sich für eine langfristige Karriereplanung zu überdenken lohnt, ist der Aspekt des „Sich-finden-Lassens" – zum Beispiel über eine Lebenslaufdatenbank eines Headhunters oder diverser e-Recruiting-Portale wie zum Beispiel die Jobbörse Experteer: **www.experteer.de**.
Der Clou daran ist, dass Sie bei einem Headhunter Ihrer Wahl Ihren Lebenslauf hinterlegen können, auch wenn Sie bereits berufstätig sind. Auf diese Weise können Sie sich bei passender Gelegenheit von ihm oder vom interessierten Unternehmen finden lassen, ohne aktiv gesucht haben zu müssen, und erhalten so auf unkomplizierte Weise von außen einen Anstoß zur Karrieregestaltung, auf den Sie sonst vielleicht nie gekommen wären. Diese Art der Bewerbersuche wird immer beliebter, gerade in Zeiten des Fachkräftemangels, in denen immer mehr Unternehmen von sich aus aktiv werden (müssen), um frühzeitig auf anstehende Veränderungen reagieren zu können, oder weil sie nicht länger auf passende Bewerbungen warten können oder wollen.
Auch hier gibt es ein paar Dinge zu beachten – vor allem die Auswahl des geeigneten Headhunters. Nicht immer bedeutet es einen Vorteil für Sie als Kandidat, wenn ein Headhunter mit seiner reich bestückten Datenbank wirbt. Sind Sie Experte auf Ihrem Gebiet oder haben Sie spezielles Branchenwissen, sind Sie wahrscheinlich in der kleinen, aber feinen Datenbank eines Headhunters, der sich auf Ihre Branche spezialisiert hat, besser aufgehoben.

Selbstverständlich sind Ihre Daten anonymisiert. Ein Unternehmen hat beispielsweise meist die Möglichkeit, eine bestimmte Anzahl von Lebensläufen für einen bestimmten Zeitraum zu buchen, um sich selbst ein Bild zu machen. Interessiert sich ein Unternehmen für Ihren Lebenslauf, bittet es den Headhunter, mit Ihnen Kontakt aufzunehmen, oder macht es einfach selbst. Ein Headhunter hat verschiedene Möglichkeiten, die Kontaktaufnahme zwischen Ihnen und dem Unternehmen zu regeln. Sie sollten sich also vorher unbedingt über seine Vorgehensweise informieren und sich den Headhunter aussuchen, der am besten zu Ihrer eigenen Philosophie passt. Denn Sie können davon ausgehen, dass derjenige Headhunter die meisten Kontakte zu den Unternehmen hat, die überzeugt sind, dass er, der Ausspäh-Profi, ihnen die passenden Bewerber bringt – nicht nur bezüglich der beruflichen Vita, sondern auch im Hinblick auf die Unternehmensphilosophie. Das Risiko einer Fehleinschätzung reduziert sich so für das suchende Unternehmen.
Der Vorteil für die Unternehmen liegt auf der Hand: Diese müssen ihre Suche nicht unbedingt publik machen (bei öffentlichen oder heiklen Positionen sehr von Vorteil), können die Suche bereits in die Planung ihrer Strategie mit einbeziehen, sparen sich Zeit und Geld, und können unter Umständen den Kandidaten direkt ansprechen. Außerdem profitieren sie so am besten vom „verdeckten" Bewerberpool.
Haben Sie Ihren Lebenslauf in einer Jobbörse wie Experteer hinterlegt, werden Sie dort auch von Headhuntern gefunden, die Einblick in den „verdeckten Stellenmarkt" haben – Wissen, an das Sie gar nicht herankommen.
Headhunter suchen mittlerweile verstärkt im Internet nach passenden Kandidaten. Business-Plattformen wie XING oder LinkedIn sind für ihre Suche bestens geeignet. Ein interessantes Profil, treffende Aussagen in der Rubrik „Über mich", die Gruppenzugehörigkeiten oder Äußerungen zu bestimmten Themen in fachlich orientierten Gruppen sind oft der Anlass, sich die entsprechende Person näher anzuschauen. Aber auch Blogger oder Hinweise im Netz auf

Vorträge eines (berufstätigen) Fachmanns, Veröffentlichungen von entsprechenden Artikeln in Fachmagazinen oder Internetportalen – all das kann das Interesse von Headhuntern wecken. Sie können, wie bereits dargelegt, das Interesse durchaus steuern, indem Sie sich genau überlegen, wie Sie sich im Internet präsentieren.

Wenn der Headhunter zweimal klingelt

Sollte Sie einmal der Anruf eines Headhunters am Arbeitsplatz ereilen, empfiehlt es sich dringend, einen kühlen Kopf zu bewahren und mit einer gewissen Distanz auf das Gespräch einzugehen. Zeigen Sie nämlich allzu deutlich Ihre Freude (oder schlimmer noch, Ihre Erleichterung: „Endlich haben sie mich gefunden ..., danke, danke!"), könnte das beim Headhunter den Eindruck erwecken, dass es mit Ihren Qualifikationen oder Ihrer Eignung doch nicht so weit her sein kann, wenn Sie bereit sind, sozusagen auf Zuruf Ihr Unternehmen zu verlassen. Denn einen guten Mitarbeiter zeichnen Loyalität und Verlässlichkeit aus. Obwohl Sie ein Headhunter ja sozusagen abwirbt, möchte er dem neuen Unternehmen einen Mitarbeiter präsentieren, der eigentlich keine Gründe hatte zu wechseln, jedoch bei einem wirklich attraktiven Angebot mit langfristiger Perspektive bereit ist, seinen Standpunkt (neuer Arbeitgeber?) zu überdenken.

Reagieren Sie also höflich-distanziert auf den Anrufer und hören Sie sich in aller Ruhe an, was er zu sagen hat, ohne ihn dabei zu unterbrechen. Bedanken Sie sich für sein Interesse an Ihrer Person, teilen Sie ihm aber als Erstes mit, dass Sie bereits einen Arbeitsplatz haben und dass Sie sich sein Angebot in Ruhe überlegen möchten. Vereinbaren Sie mit ihm einen Termin. Erst dann sollten Sie Auskunft über sich erteilen und genauere Auskünfte über das interessierte Unternehmen einholen. Damit beweisen Sie Loyalität Ihrem jetzigen Arbeitgeber gegenüber, zeigen, dass Sie mit überraschen-

den Situationen souverän umgehen können und signalisieren, dass Sie sich Ihres Werts wohl bewusst sind.
Äußern Sie sich auch in der Folgezeit niemals negativ über Ihren aktuellen oder über letzte Arbeitgeber, sondern begründen Sie Ihren Wechselwillen zum Beispiel mit der Struktur des Unternehmens, die Ihnen Ihren Wunscharbeitsplatz leider nicht ermöglicht haben. Erkundigen Sie sich so detailliert und fachlich fundiert wie möglich über Ihr vorgesehenes Betätigungsfeld und Ihre beruflichen Möglichkeiten. So zeigen Sie schon im ersten Gespräch, wie viel Branchenkenntnis und Engagement Sie besitzen. Verdeutlichen Sie dem Headhunter auf die Frage nach einem Wechseldatum, dass Sie gern Ihrem jetzigen Arbeitgeber die Möglichkeit geben würden, einen adäquaten Ersatz zu finden. Auch das zeugt von großem Verantwortungsbewusstsein und von Ihrer Fähigkeit, sich mit einem Unternehmen zu identifizieren.
Nutzen Sie die Zeit zwischen Telefongespräch und erstem Termin für eine gründliche Vorbereitung. Sollte es bereits am Telefon zu einem Gespräch kommen, können folgende Fragen zu Themen wie diesen auf Sie zukommen:

- zu Ihrem momentanen Arbeitsbereich (Aufgaben, Abläufe etc.),
- zum Unternehmen (Ausrichtung, Hierarchien, Strukturen),
- zu Ihrer Verantwortung (leitende Position, Personalverantwortung, Aufgabenbereich mit alleiniger Verantwortung und mit Kollegen zusammen etc.)
- und zu Ihrem persönlichen Umfeld (Einstellung der Familie zu einem eventuellen Umzug etc.).

Außerdem interessiert sich der Headhunter dafür, wo und wie Sie Ihre berufliche Zukunft sehen und wie Sie Ihre Karriere gestalten möchten. Mit diesen Fragen möchte er herausfinden, ob sich sein Eindruck bei der Recherche mit der Realität deckt, wie Ihre Position im jetzigen Unternehmen ist und ob Sie den Aufgaben, die er für Sie im Sinn hat, auch wirklich gewachsen sind. Ein paar Gründe mehr, sich am Telefon eher zurückhaltend zu präsentieren. Es geht schließlich um den ersten, meist entscheidenden Eindruck!

E-Recruiting durch Unternehmen

Die Unternehmenswebsite gilt mittlerweile bei vielen Unternehmen als *der* Dreh- und Angelpunkt für eine erfolgreiche Bewerbersuche – vor allem die Karriereseite.
So informativ und so multimedial wie möglich bekommt der Bewerber umfassende Details zum Unternehmen selbst, insbesondere aber zur bereits erwähnten Unternehmenskultur. Dies geschieht immer weniger über den reinen Text. Videos, Podcasts, Fotos, Mitarbeiterblogs etc. sollen die Unternehmenswebsite zum virtuellen Erlebnis machen. Das Ziel ist, geeignete Bewerber so schnell und so lange wie möglich für sich zu interessieren. Virtuelle Rundblicke ermöglichen Einblicke in das Innere des Unternehmens. Sie (der mögliche Interessent, vielleicht sogar der zukünftige Mitarbeiter) sehen die Büros, bekommen etwas von der Atmosphäre mit, lernen in Podcasts und/oder Vodcasts (eine Mischung aus Video und Podcast) real existierende potenzielle Kollegen und Vorgesetzte kennen, die über sich und ihre Arbeit berichten, oder können sich beim Studium der integrierten Blogs ein Bild vom Unternehmensalltag machen. Das aktuelle Ranking der besten 100 Karrierewebseiten finden Sie unter **www.hrtop100.com**.

Tipp

Haben Sie als Bewerber ein Wunschunternehmen, sollten Sie die auf Rankingseiten platzierten Informationen über das Unternehmen unbedingt für Ihre Vorbereitung auf das kommende Bewerbungsverfahren nutzen. Mit diesem Wissen sammeln Sie ganz sicher wertvolle Punkte. Und obendrein geben Sie Ihrem Gegenüber zu verstehen, dass Sie sich durch das Studium seiner Seite mit dem Unternehmen gründlich befasst haben.

Zukunftstrend Empfehlungsmarketing

Onlinefeedback über Unternehmen

Aus einer anderen Ecke kommt Hilfe, die Ihnen als Bewerber die Auswahl Ihres Wunschunternehmens erleichtern soll. Die Internetplattform Kununu (**www.kununu.com**) wurde eigens konzipiert, um Mitarbeitern die Möglichkeit zu geben, ihr eigenes oder ehemaliges Unternehmen nach Punkten zu bewerten. Zur Bewertung stehen der Chef, die Kollegen, und alles zur Unternehmenskultur. Dazu gehören auch so wichtige Themen wie Gehalts- und Arbeitszeitmodelle. Natürlich sind etwaige Schlechtbewertungen aus Rache nicht Sinn und Zweck dieser Plattform. Kununu schließt dies kategorisch aus. Anfangs von den Unternehmen mit tiefem Misstrauen beäugt, entwickelt sich das Portal auch bei Arbeitgebern zu einem viel versprechenden Instrument der Bewerbersuche. Denn je besser die Bewertung durch die Mitarbeiter, desto größer das Interesse gut ausgebildeter Leser, die sich in diesen Unternehmen bewerben wollen. Mittlerweile geht das Wohlwollen der Unternehmen so weit, dass sie unter ihrer Bewertung gleich ihre Stellenangebote schalten lassen, um der Absicht des Lesers gleich die Tat folgen zu lassen.

Bewerberfeedback

„Bewerberfeedback“ wurde von Crosswater Job Guide entwickelt (**www.crosswatersystems.com**), um Bewerbern die Gelegenheit zu geben, anderen ihre Einschätzung des Bewerbungsverfahrens eines bestimmten Unternehmens weiterzugeben. Auch dadurch ergibt sich natürlich eine Art Ranking. Ein Unternehmen kann – so es Interesse hat – durch dieses Feedback lernen, Missstände zu korrigieren und so sein Bewerbungsverfahren wesentlich attraktiver und effizienter zu gestalten. Die Bewertung erfolgt nach einem Schulnotensystem von „Sehr gut“ bis „Ungenügend“.

Schlusswort

So viel ist klar: Am Internet führt kein Weg vorbei. Nutzen Sie es deshalb, um Ihren Traumjob zu finden. Wenn Sie die Regeln, die wir Ihnen in diesem Buch erläutert haben, beherzigen, werden Sie das Internet als großartigen Gewinn empfinden. Bei allen Bemühungen um Ihre neue Stelle sollten Sie aber unbedingt eines beherzigen:

Wir sind nicht auf der Welt,
um so zu sein, wie andere uns haben wollen.

Was Sie noch wissen sollten

Das Autorenteam Hesse/Schrader ist seit über 25 Jahren auf dem Sektor der Bewerbungsratgeber sowie zu weiteren Themen aus der Arbeitswelt publizistisch tätig und hat im Laufe dieser Zeit mehr als 160 Bücher veröffentlicht.
Am Anfang stand die erstmalige Veröffentlichung aller gängigen sogenannten Intelligenztests und deren kritische Reflexion in dem Buch *Testtraining für Ausbildungsplatzsuchende* (1985) – allein dies inzwischen mit einer Gesamtauflage von knapp einer Million Exemplaren. Ebenfalls Neuland zum Bereich „Überleben in der Arbeitswelt" erschloss ihr Buch *Die Neurosen der Chefs – die seelischen Kosten der Karriere* (1994).
Beide Autoren verfügen über eine langjährige Erfahrung als Seminarleiter bei Test- und Bewerbungstrainings. Ein besonderes Interesse gilt der gewerkschaftlichen Bildungsarbeit in Form von Anti-Mobbing- und Konfliktmanagement-Seminaren. 1992 gründeten sie in Berlin das Büro für Berufsstrategie, das ausschließlich Arbeitnehmer in allen erdenklichen beruflichen Fragen berät und unterstützt. Mittlerweile gibt es Büros für Berufsstrategie auch in Frankfurt, Stuttgart, Hamburg, Köln, Leipzig, Wiesbaden und München.